"十二五"职业教育国家规划教材

经全国职业教育教材审定委员会审定

21世纪高职高专土建系列工学结合型规划教材

建筑节能工程与施工

主　编　吴明军　毛　辉

副主编　刘昌明　王劲波

参　编　李　翔　唐忠茂　刘保伟

黄晓燕　罗棬宾

北京大学出版社

PEKING UNIVERSITY PRESS

内 容 简 介

本书介绍了目前常用的 10 类建筑节能工程的构造形式、施工工艺、质量标准和验收等基本知识，以满足日益增长的建筑节能工程施工的需要。

本书共 11 章，内容包括绪言、墙体节能工程、幕墙节能工程、门窗节能工程、屋面节能工程、楼地面节能工程、采暖节能工程、通风与空调节能工程、空调与采暖系统的冷热源及管网节能工程、配电与照明节能工程及监测与控制节能工程。书后还附有附录，可作为学习参考资料。

本书内容条理清楚、重点突出、图文并茂，强调实用性、工具性，可作为建筑工程技术、建筑工程质量与安全技术管理、工程监理、建筑设备工程技术等专业的教材，也可供从事建筑节能工程的工程技术人员参考。

图书在版编目(CIP)数据

建筑节能工程与施工/吴明军，毛辉主编. —北京：北京大学出版社，2015.5
(21 世纪高职高专土建系列工学结合型规划教材)
ISBN 978 - 7 - 301 - 24274 - 2

Ⅰ.①建… Ⅱ.①吴…②毛… Ⅲ.①建筑—节能—工程施工—高等职业教育—教材 Ⅳ.①TU7

中国版本图书馆 CIP 数据核字(2014)第 107917 号

书　　　　名：	建筑节能工程与施工
著作责任者：	吴明军　毛　辉　主编
策 划 编 辑：	吴　迪
责 任 编 辑：	伍大维
标 准 书 号：	ISBN 978 - 7 - 301 - 24274 - 2/TU · 0400
出 版 发 行：	北京大学出版社
地　　　　址：	北京市海淀区成府路 205 号　100871
网　　　　址：	http://www.pup.cn　新浪官方微博：@北京大学出版社
电 子 信 箱：	pup_6@163.com
电　　　　话：	邮购部 010 - 62752015　发行部 010 - 62750672　编辑部 010 - 62750667
印 刷 者：	北京虎彩文化传播有限公司
经 销 者：	新华书店
	787 毫米×1092 毫米　16 开本　14.25 印张　327 千字
	2015 年 5 月第 1 版　2021 年 12 月第 5 次印刷
定　　　　价：	35.00 元

前　言

在我国历史上，近几十年是房屋建设的高潮期。特别是近几年，我国每年建成房屋面积达 16 亿～20 亿 m²。如此巨大的建筑规模，在世界上是空前的。同时，人们在使用建筑物的过程中，为了创造更加舒适的生活环境，大量使用家用电器、采暖等设施设备，从而导致建筑能耗急剧增加。因此，建筑节能成为当前各级政府的重要工作任务，成为建筑业的当务之急。

近 40 年来，各国在新建建筑设计和施工、既有建筑的节能改造、建筑运行节能管理上结合本国的能源情况，相继推出了一系列的建筑节能法律法规和标准，并制定了相应的监督、激励政策，以保障法规和标准的有效实施，这些举措使发达国家在建筑节能领域取得了瞩目的成就。

我国从 20 世纪 80 年代初以来，在原建设部的领导下，各级政府、各建筑设计单位、施工单位，积极加入到建筑节能工作中来。采取先易后难、先城市后农村、先新建后改建、先住宅后公建、从北向南逐步推进的战略，逐步推进我国的建筑节能工作，陆续出台了一系列建筑节能鼓励政策和管理规定，取得了一批具有实用价值的建筑节能技术科技成果，制定了一大批建筑节能及其应用技术的标准和规范，开展了建筑节能相关产品的开发和推广应用，促进了建筑节能技术的产业化，并以试点发挥示范引导作用，建成了一批节能建筑。

本书为适应应用型人才和复合型人才的培养目标，着眼建筑节能技术的实用性，突出施工工艺操作特点，用简洁明了的文字结合实例图片进行讲解，使学生对建筑节能工程技术产生深刻印象，激发学生的学习兴趣。本书编写时注重理论联系实际，每章设定教学目标、教学要求，对学生的知识、能力提出具体要求，并辅以本章小结和习题，让学生能够对书中介绍的各种节能技术的基本概念、相关知识点、操作能力等更深入地掌握。

本书编写的具体分工：四川建筑职业技术学院吴明军教授编写第 1 章、第 2 章；四川省第七建筑工程公司总工唐忠茂高级工程师编写第 3 章；四川建筑职业技术学院王劲波编写第 4 章、第 6 章；四川建筑职业技术学院李翔副教授编写第 5 章；四川建筑职业技术学院毛辉副教授编写第 7 章；四川建筑职业技术学院刘保伟编写第 8 章；四川建筑职业技术学院罗桤宾编写第 9 章；四川建筑职业技术学院刘昌明教授编写第 10 章；四川建筑职业技术学院黄晓燕副教授编写第 11 章。全书由吴明军、毛辉任主编，刘昌明、王劲波任副主编，李翔、唐忠茂、刘保伟、黄晓燕、罗桤宾参编。

本书在编写过程中，引用和参考了有关作者的著作和图片，在此表示衷心的感谢！同时，感谢成都建工集团总公司总工程师张静教授级高工、曾伟高工、谢惠庆、胡笛等，以及四川建筑职业技术学院张凤莲所做的大量支持工作。此外，还要感谢北京建筑设计研究院杨柳（原四川建筑职业技术学院建筑设计专业 2010 级学生）为本书画了部分插图。最后，

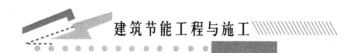

衷心感谢北京大学出版社的编辑，没有他们的支持和不断督促，本书就无法顺利与读者见面。

由于编者水平有限，加之编写时间仓促，书中不足之处在所难免，恳请广大读者批评指正。

编　者

2014 年 8 月

目　　录

建筑节能工程与施工

第1章

绪 言

教学目标

本章介绍了建筑节能工程与施工的有关基本概念，相关知识。

教学要求

分项要求	对应的具体知识与能力要求	权重
了解概念	（1）建筑节能工程的基本概念 （2）建筑节能工程的特点	100%

引 例

近几年我国每年建成房屋面积达 16 亿～20 亿 m²。2010 年年底，全国房屋建筑面积约为 519 亿 m²，其中城市 171 亿 m²。估计到 2020 年年底，全国房屋建筑面积达 686 亿 m²，其中城市为 261 亿 m²。如此巨大的建筑规模，在世界上是空前的。我国既有建筑中，95% 以上是高能耗建筑。单位建筑面积能耗是发达国家的 2～3 倍以上。随着建筑规模的不断扩大，建筑能源消耗将会给国家带来空前的压力。

随着社会的进步，人们在使用建筑物过程中，为了创造更加舒适的生活环境，从最初使用照明、生活热水等设备，到后来使用家用电器、空调、采暖等设施设备，消耗的能量越来越多。建筑设备能耗已成为社会的能耗大户。

因此，建筑节能日益受到世界各国的高度关注。尤其是 1973 年国际能源危机以后，节约能源更是受到全世界的高度重视。同时，减少建筑能耗对大气环境的改善也具有不可低估的作用。首先，能大大减少二氧化碳的排放，有益于降低温室效应。其次，可减少烟尘、粉尘等 PM2.5 物质，减少雾霾天气。

1974 年，法国率先制定了建筑节能标准。提出，在保证和提高居住舒适度的条件下，降低能耗水平，提高能源利用率。随后，世界其他发达国家也相继开展起建筑节能工作，推动了全球的建筑节能运动。近 40 年来，各国在新建建筑设计和施工、既有建筑的节能改造、建筑运行节能管理上结合着本国的能源情况，相继推出了一系列的建筑节能法律法规和标准，并制订了相应的监督、激励政策以保障法规和标准的有效实施，这些举措使发达国家在建筑节能领域取得了瞩目的成就。

由于技术水平、人员素质等因素的影响，我国能源利用水平总的说来还较低。国内生产总值万元能耗为世界平均值的 3.3 倍，主要用能产品能耗比发达国家高 40%。建筑能耗，由于涉及全体社会成员，在大家节能意识普遍还不高的我国，情况更加严重。据 2010 年数据，我国建筑能耗约占全社会能耗总量的 1/3。建筑节能已成为我国社会发展战略的重大问题。

我国建筑节能工作，真正起步是在 1986 年。当时的建设部（现名住房和城乡建设部）提出，从抓建筑设计节能标准开始，推动建筑节能技术进步。由于北方地区集中采暖的房屋建筑采暖能耗较高：据 80 年代末调研资料显示，每年城镇建筑仅采暖一项就需要耗能 1.3 亿吨标煤，占当时全国能源消费总量的 11.5% 左右，占采暖地区全社会能源消费的 20% 以上；在一些严寒地区，城镇建筑采暖能耗则高达当地社会能源消费的 50% 左右。因此，在当时国家经济贸易委员会、国家计划委员会的支持下，建设部首先组织开展了对北方严寒、寒冷地区集中采暖的居住建筑采暖能耗调查和建筑节能技术及标准研究，并以 1980 年普通住宅采暖能耗为基准，颁发了《民用建筑节能设计标准（采暖居住建筑部分）》（JGJ 26—86），目标是在 1980/1981 年当地通用设计的基础上节能 30%。还先后颁布了《民用建筑热工设计规范》（GB 50176—93）、《旅游旅馆建筑热工与空气调节节能设计标准》（GB 50189—93）。到 1995 年 12 月，建设部又批准了对"JGJ 26—86"标准的修订稿，即"JGJ 26—95"，其目标节能率为 50%。

随后，又陆续颁布了《既有采暖居住建筑节能改造技术规程》（JGJ 129—2000）、《采暖居住建筑节能检验标准》（JGJ 132—2001）、《夏热冬冷地区居住建筑节能设计标准》（JGJ 134—2001）、《夏热冬暖地区居住建筑节能设计标准》（JGJ 75—2003）、《公共建筑节能设计标准》(GB 50189—2005)及《建筑节能工程施工质量验收规范》(GB 50411—2007)等技术标准。

为了促进建筑节能工作,实现节能目标,1994年建设部成立了节能工作协调组与建筑节能办公室,并多次下发关于实施建筑节能标准的通知,推动了建筑节能标准的执行。随着对建筑节能工作重视的逐步加强,2006年9月建设部在科技发展中心又设立了建筑节能中心。

在建筑节能法规方面,1997年我国颁布了最早的与建筑节能相关的法律法规,即《中华人民共和国节约能源法》(主席令[第90号],以下简称"节能法")和《中华人民共和国建筑法》(主席令[第91号],以下简称"建筑法")。1999年,国家经济贸易委员会公布实施了《重点用能单位节能管理办法》,它是《节能法》最早的配套规章。随后,有关部委陆续制定了节电节水、能源标准管理、节能产品认证管理、资源综合利用认定管理等法规。至2004年6月,先后有20多个省市颁布了总计约70项以《节能法》实施条例或者实施办法为主要内容的地方法规。大部分是对新建建筑执行节能标准强制性条文作出明确规定。2005年,建设部颁布了《民用建筑节能管理规定》及《关于新建居住建筑严格执行节能设计标准的通知》,对民用建筑的建筑节能作出了具体规定。

目前,我国已经出台了一系列建筑节能鼓励政策和管理规定;取得了一批具有实用价值的建筑节能技术科技成果;制定了一大批建筑节能及其应用技术的标准和规范;开展了建筑节能相关产品的开发和推广应用,促进了建筑节能技术的产业化;已研发出较多成型的节能工程技术和施工工艺,并以试点示范作引导,建成了一批节能建筑。

本书所谓的建筑节能工程技术,是指在建筑物的规划、设计、建造和使用过程中,执行节能标准,通过采用确保节能的先进建筑技术及施工工艺、节能型的建筑设备、材料和产品等措施,减少建筑运行能耗,提高建筑能效水平的工程技术。比如,提高建筑物墙体、楼地板、屋面、门窗等构配件的保温和隔热性能、减少热量散发的工程,阻断热桥(北方也叫冷桥)、减少热量传递的工程,以及提高建筑物采暖、空调、照明等设备设施的能效,降低能耗水平,提高能源利用率的工程技术。

本书旨在向高等学校建筑工程施工类专业的学生介绍在建筑建造和使用过程中常用的节能工程技术和施工工艺,为其从事建筑节能工程或进一步深造打下基础。至于在建筑物规划、设计过程中的节能工程技术,同学们可从其他相关教材和相关工程技术书籍中学习。本书也可供从事建筑节能工程的技术人员参考。

第 2 章

墙体节能工程

🌐 教学目标

本章介绍墙体节能工程的相关知识，其中主要介绍常用的墙体保温系统，包括粘贴保温板保温系统、涂抹保温浆料保温系统、现浇混凝土外保温系统、喷涂硬泡聚氨酯外保温系统、机械固定钢丝网架板外保温系统、保温装饰复合板外保温系统和墙体自保温系统等工程的构造、施工工艺和质量检验知识。

🌐 教学要求

分项要求	对应的具体知识与能力要求	权重
了解概念	(1)墙体节能工程的基本概念 (2)墙体保温系统的常用类型	15%
掌握知识	(1)常用墙体保温系统的构造知识 (2)常用墙体保温系统的施工工艺流程 (3)常用墙体保温系统的施工要点	50%
习得能力	(1)常用墙体保温系统的初步施工能力 (2)常用墙体保温系统的施工质量检验能力	35%

引 例

墙体节能工程，就是为减少建筑墙体的热能传导，所采用的保温隔热系统。常用的墙体保温系统有：粘贴保温板保温系统、涂抹保温浆料保温系统、现浇混凝土外保温系统、喷涂硬泡聚氨酯外保温系统、机械固定钢丝网架板外保温系统、保温装饰复合板外保温系统和墙体自保温系统。

在建筑节能方面，墙体起着至关重要的作用。尤其是外墙，对建筑物内、外的热传导性，起着决定性作用。墙体节能工程的关键，是有效阻断墙体的热(冷)桥，增加墙体的保温隔热性。

2.1　概　　述

2.1.1　墙体保温节能工程的一般规定

墙体节能工程应在主体结构完成后进行。施工前应按照设计和施工方案的要求，对基层进行处理。处理后的基层应符合保温层施工方案的要求。

保温隔热材料的厚度必须符合设计文件要求。墙体节能工程的保温材料在施工过程中应采取防潮、防水等保护措施。寒冷和夏热冬冷地区外墙热桥部位，应按设计要求采取隔断热桥措施。防火隔离带的施工应与保温材料的施工同步进行。

保温板材与基层及各构造层之间的粘结或连接必须牢固，粘结强度和连接方式应符合设计文件及相关标准规定。保温板材与基层的粘结强度应做现场拉拔试验。当采用保温浆料做外保温时，保温浆料厚度超过 20mm 时应分层施工，保温层与基层之间及各层之间的粘结必须牢固，不应脱层、空鼓、开裂。保温浆料应厚度均匀、接槎平顺。当墙体节能工程的保温层采用预埋或后置锚固件固定时，锚固件数量、位置、锚固深度和拉拔力应符合设计要求。后置锚固件应进行现场拉拔试验。外墙保温工程采用粘贴饰面砖做饰面层时，其安全性与耐久性必须符合设计要求。饰面砖粘结砂浆和勾缝材料应满足《胶粉聚苯颗粒外墙外保温系统》(JGJ 158)中规定的性能要求并做现场粘结强度拉拔试验，试验结果应符合设计和有关标准的规定。保温工程涉及的抹灰工程、饰面板(砖)工程、涂饰工程施工工艺参照现行有关标准执行。当设计对建筑外墙有防水要求时应结合《建筑外墙防水防护技术规程》(JGJ/T 235)中相关标准在外墙保温构造层中增设外墙防水层。

工程验收的检验批划分应符合下列规定。

(1) 采用相同材料、工艺和施工做法的墙面，每 500～1000m² 面积划分一个检验批，不足 500m² 也为一个检验批。

(2) 检验批的划分也可根据与施工流程相一致且方便施工与验收的原则，由施工单位与监理(建设)单位共同协商。

墙体节能工程施工过程中应及时进行质量检查、隐蔽工程验收和检验批验收，并按规定留存文字和图像资料。

本章主要介绍外墙外保温施工，也可供外墙内保温施工参考。

2.1.2　墙体保温节能工程施工准备

1. 技术准备

(1) 熟悉设计文件及有关资料，按国家现行有关标准的要求编制节能专项施工方案，方案

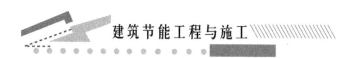

中应对施工现场消防措施作出明确规定，经监理/业主技术负责人审查批准后组织实施。

（2）施工前对相关人员做好安全、技术交底。

（3）提出详细的材料、设备需用计划。

2. 材料准备

（1）墙体保温节能工程使用的保温隔热材料，其导热系数、密度、抗压强度或压缩强度、燃烧性能应符合设计文件及国家现行标准的要求。常用泡沫塑料保温板材料性能应符合表 2-1 的规定，胶粉 EPS 颗粒保温浆料材料性能应符合表 2-2 的规定，玻璃纤维网格布材料性能应符合表 2-3 的规定，界面砂浆材料性能应符合表 2-4 的规定，锚栓的技术性能指标应符合设计要求。

表 2-1 常用泡沫塑料保温板性能要求

检验项目	性能要求			试验标准
	EPS 板 （聚苯乙烯板）	XPS 板 （挤塑聚苯乙烯板）	PU 板 （聚氨酯夹芯板）	
密度（kg/m³）	≥18，且不宜大于 25	≥25，且不宜大于 32	≥40	GB/T 6343
导热系数 ［W/(m·K)］	≤0.041	≤0.030	≤0.024	GB 10294
抗拉强度（MPa）	≥0.12	≥0.25	≥0.15	JGJ 144
尺寸稳定性（%）	≤0.3	≤1.2	≤1.5	GB 8811
燃烧性能	满足设计要求	满足设计要求	满足设计要求	GB 8624

表 2-2 胶粉 EPS 颗粒保温浆料性能要求

检验项目		性能要求	试验标准
干密度（kg/m³）		180～250	GB/T 6343（70℃恒重）
导热系数 ［W/(m·K)］		≤0.060	GB 10294
软化系数		≥0.50	JGJ 51（养护 28d）
线性收缩率（%）		≤0.3	JGJ 70
燃烧性能级别		B₁	GB 8624
抗拉强度（MPa）	干燥状态	≥0.1	JGJ 144（养护 56d）
	浸水 48h，取出后干燥 14d		

表 2-3 玻璃纤维网格布性能要求

检验项目		性能要求	
		中碱玻纤网	耐碱玻纤网
耐碱拉伸断裂强力 N/50mm	经向	≥750	≥1000
	纬向		
耐碱拉伸断裂强力保留率（%）	经向	≥50	≥75
	纬向		

表 2-4 界面砂浆的主要性能要求

检验项目		性能指标
拉伸粘结强度 （MPa）	与水泥砂浆试块 标准状态 7d	≥0.3
	标准状态 14d	≥0.5
	浸水后	≥0.3
	与 20kg/m³ EPS 板试块	≥0.1
压剪粘结强度 （MPa）	原强度	≥0.7
	耐水	≥0.5
	耐冻融	≥0.5

（2）节能材料应按品种、强度等级分别堆放并设置标识，应有防火、防水、防潮等保护措施，具备产品合格证和出厂检测报告，标明生产日期、型号、批量、强度等级和质量标准。进场后应对主要材料的主要性能进行复检。

（3）保温砌块砌体的砌筑砂浆强度等级应符合设计要求，块体节能材料进场必须提供放射性指标检测报告。

（4）寒冷和夏热冬冷地区应对外保温使用的粘结材料进行冻融试验。

3．施工机具准备

（1）机具：强制式砂浆搅拌机、专用喷枪、手提式搅拌器、电锤、电钻、电锯、打磨机、手推车等。

（2）工具：滚刷、壁纸刀、手锤、平锹、钢抹子、手锯、墨斗等。

（3）测量器具：水准仪、经纬仪、靠尺、拖线板等。

4．作业条件准备

（1）除 EPS 板现浇混凝土外保温系统和 EPS 钢丝网架板现浇混凝土外保温系统外，保温工程的施工应在基层施工质量验收合格后进行。

（2）除 EPS 板现浇混凝土外保温系统和 EPS 钢丝网架板现浇混凝土外保温系统外，外墙保温工程施工前，外门窗洞口应通过验收，洞口尺寸、位置应符合设计要求和质量要求，门窗框或附框应安装完毕。伸出墙面的消防梯、雨水管、各种进户管线和空调器等的预埋件、连接件应安装完毕，并按保温系统厚度留出空隙。

另外，应保证施工期间及完工后 24h 内，平均气温不低于 5℃。夏季应避免阳光暴晒。在 5 级以上大风天和雨天不得施工。

2.2 粘贴保温板保温系统工程

2.2.1 粘贴保温板保温系统构造

粘贴保温板保温系统由粘结层、保温层、抹面层和饰面层构成。粘结层材料为胶粘剂，保温层材料可为 EPS 板（图 2.1）、XPS 板和 PUR 板；抹面层材料为抹面胶浆，抹面胶浆中满铺加强网；饰面层材料可为涂料或饰面砂浆。保温板采用胶粘剂固定在基层上，并按设计需要辅以锚栓固定。如图2.2所示为粘贴保温板保温系统构造图。

图 2.1 EPS 板

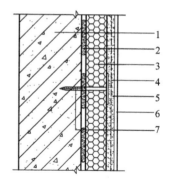

图 2.2 粘贴保温板保温系统构造图
1—基层；2—粘结层；3—保温层；
4—加强网；5—抹面层；
6—饰面层；7—辅助锚栓

2.2.2 粘贴保温板保温系统施工工艺

1. 施工工艺流程

基层清理 → 测量、放线 → 挂基准线(准备材料、配胶粘剂) → 粘贴保温板 →
表面整修、界面处理 → 挂网、抹面胶浆层 → 做饰面层

2. 操作要点

1）基层清理

（1）基层墙体表面不得有油污、脱模剂等阻碍粘结的附着物，凸起、空鼓和疏松部位应剔除。

（2）基层大于±10mm/m的不平整部位必须预先找平。

2）测量、放线

（1）根据建筑立面设计和外保温要求，在墙面弹出水平、垂直控制线，装饰线槽位置线，并视墙面洞口分布进行保温板排板，确定粘贴模数。

（2）需设置膨胀缝、变形缝时则应在墙面弹出膨胀缝、变形缝及其宽度。

3）挂基准线

在外墙建筑大角（阴角、阳角）挂垂直基准线及楼层位置水平线保证板材的垂直度和水平度。

4）粘贴保温板

（1）保温板应按顺砌方式粘贴，竖缝应逐行错缝。保温板应粘贴牢固，不得有松动和空鼓，墙角处保温板应交错互锁（图2.3）。

（2）门窗洞口四角处保温板不得拼接，应采用整块保温板切割成形，保温板接缝应离开角部至少200mm（图2.4）。

（3）阳台、雨篷、女儿墙、挑檐下等部位粘贴板材时，应预留5mm缝隙，以利加强网嵌入。

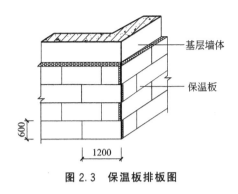

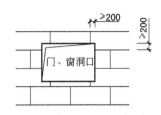

图 2.3　保温板排板图　　　　　　　图 2.4　门窗洞口处保温板排列图

（4）粘贴保温板时，保温板与基层墙体的粘贴面积不得小于保温板面积的 40%。

5）表面整修、界面处理

对粘贴后的板材平整度进行检查，局部打磨或用 EPS 聚苯颗粒找平，然后用滚刷将界面处理剂均匀涂刷在保温板表面。

6）挂网、抹面胶浆层

（1）抗裂砂浆层分底层和面层两道，中间压入玻纤网格布，底层厚度为 2～3mm，面层厚度不宜超过 7mm。

（2）铺挂网格布时，应绷紧，用抹子由中间向四周压入胶浆层，要平整压实，深浅适度，胶浆度饱满，严禁出现玻纤网格布外露、褶皱，不应有明显的显影、砂眼、抹纹、接槎等痕迹。网格玻纤布纵横向搭接长度不小于 100mm，转角部位（阴阳角及门窗洞口）增强网格布应首先压入。

（3）建筑物高度在 20m 以上时，在受负风压作用较大的部位宜采用锚栓辅助固定。锚固件的数量、位置、锚固深度和拉拔力应符合设计计算要求。锚栓应呈梅花状布置，每平方米至少 4 个。锚栓锚入墙体孔深应大于 50mm。锚固件安装至少应在胶粘剂使用 24h 后进行。

（4）留缝构造。留置伸缩缝时，成品分隔条应在抹灰工序时放入，待砂浆初凝后取出，缝内嵌填背衬材料，再分两次用建筑密封膏封堵。缝两侧基层墙体用射钉固定金属盖板。

7）做饰面层

饰面层施工同普通饰面层施工工艺，由所用饰面层材料类型定（以后不再赘述）。

2.3　涂抹保温浆料保温系统工程

保温浆料目前常用的主要有胶粉 EPS 颗粒保温浆料和玻化微珠保温浆料。本节以胶粉 EPS 颗粒保温浆料为例介绍涂抹保温浆料的应用，其施工工艺可供玻化微珠等其他类型的保温浆料施工参考。

2.3.1　胶粉 EPS 颗粒保温浆料外保温系统

1. 系统构造

胶粉 EPS 颗粒保温浆料外保温系统由基层、界面层、保温层、抹面层和饰面层五层构成。界面层材料为界面砂浆；保温层材料为胶粉 EPS 颗粒保温浆料，经现场拌和后抹或喷涂在基层上；抹面层材料为抹面胶浆，抹面胶浆中满铺增强网；饰面层可为涂料或面砖。当采用涂料饰面时，抹面层中增强网采用玻纤网(图 2.5)；当采用面砖饰面时，抹面层中增强网采用热镀锌电焊网，并用锚栓与基层形成可靠固定(图 2.6)。

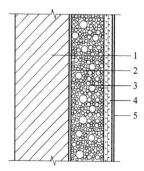 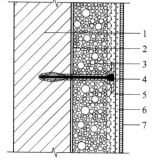

图 2.5　涂料饰面保温浆料系统

1—基层；2—界面砂浆；3—保温
浆料；4—抹面胶浆复合玻纤网；
5—涂料饰面层

图 2.6　面砖饰面保温浆料系统

1—基层；2—界面砂浆；3—保温浆料；
4—锚栓；5—抹面胶浆复合热镀锌电焊网；
6—面砖粘结砂浆；7—面砖饰面层

2. 施工工艺流程

基层处理 → 涂刷界面砂浆 → 吊垂直、套方 → 抹保温浆料 → 挂网、抹抗裂砂浆 → 做饰面层

3. 操作要点

1）基层处理

墙面应清理干净、无油渍、浮尘、混凝土脱模剂，人为留孔及风化松动应及时修补，铲除表面≥10mm 的凸出物。

2）涂刷界面砂浆

基层应涂满界面砂浆，用滚刷或扫帚将界面砂浆均匀涂刷在基层上。

3）吊垂直、套方

吊垂直、套方找规矩、弹厚度控制线，拉垂直、水平通线，套方作口，按厚度用保温浆料做标准厚度灰饼冲筋。

4）抹保温浆料

胶粉 EPS 保温浆料宜分遍抹灰，每遍厚度不宜超过 20mm，间隔时间应在 24h 以上。当施工温度偏低时，间隔适当延长。

5）挂网、抹抗裂砂浆

（1）浆料层固化后，抹抗裂砂浆，并将加强网包覆于抗裂砂浆层中，达到一定强度后适当浇水养护。

（2）面砖饰面时，用塑料锚栓固定热镀锌电焊网，锚栓间距为双向@500，每平方米不少于 4 个，锚入基层不小于 30mm。热镀锌电焊网搭接宽度不小于 5 个网格，阴阳角部位应绕角搭接，平整度达到±2mm 以上。

2.3.2　胶粉 EPS 颗粒浆料贴砌 EPS 保温板保温系统

1. 系统构造

胶粉 EPS 颗粒浆料贴砌 EPS 板外保温系统(三明治做法)由界面砂浆层、胶粉 EPS 颗

粒粘结浆料层、EPS 板、胶粉 EPS 颗粒粘结浆料找平层、抹面层和饰面层构成。抹面层中应满铺加强网(图 2.7)。

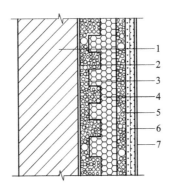

图 2.7　浆料贴砌保温板系统
1—基层；2—界面砂浆；3—粘结浆料层；4—EPS 保温板；
5—找平浆料层；6—抹面层；7—饰面层

2．施工工艺流程

基层检查、界面处理 → 吊垂直、套方、弹控制线 → 贴砌 EPS 板 → 涂刷 EPS 界面砂浆 → 做灰饼、冲筋、作口 → 抹面层保温浆料 → 挂网、抹抗裂砂浆 → 做饰面层

3．操作要点

1) 基层检查、界面处理

(1) 墙面应清理干净、无油渍、浮尘、混凝土脱模剂。墙面松动、风化部分应剔除干净。墙表面凸起物≥10mm 时应剔除。

(2) 用滚刷或喷枪均匀涂刷界面砂浆，拉毛不宜过厚，所有墙面均需毛化处理。

2) 吊垂直、套方、弹控制线

根据建筑要求，在墙面弹出外门窗水平、垂直控制线及伸缩缝、装饰线等。在建筑外墙大角(阴阳角)及其他必要处挂垂直基准钢线和水平线。

3) 贴砌 EPS 板

(1) 抹约 10mm 厚的 EPS 颗粒粘结灰浆后随即粘贴预制好的 EPS 板，凹槽向墙，粘贴 EPS 板时应均匀轻柔挤压，使 EPS 板与胶浆充分接触，随时用靠尺和拖线板检查平整度和垂直度。

(2) EPS 板间应用浆料砌筑约 10mm 的板缝，灰缝不饱满处用胶粉灰浆勾平。

(3) 按顺砌方式粘贴 EPS 板，竖缝应逐行错缝，墙角处排板应交错互锁，门窗洞口四角处不得拼接，应采用整块板材切割成形，EPS 板接缝应离开角部不少于 200mm。

4) 涂刷 EPS 板界面砂浆

EPS 板贴砌 24h 后满涂界面砂浆，用滚刷或喷枪均匀涂刷，拉毛不宜太厚，但必须保证所有外露的 EPS 板面部做到毛面处理。

5) 做灰饼、冲筋、作口

套方作口，按厚度线用胶粉灰浆或 EPS 板做标准厚度灰饼。

6）抹面层保温浆料

（1）EPS 板界面砂浆涂刷 24h 后，用胶粉 EPS 颗粒粘结浆料在 EPS 板上罩面找平（厚度不宜小于 15mm）。

（2）混凝土梁柱、门窗洞口、墙体边角处等特殊部位以及防火隔离带部位的保温作业均用胶粉 EPS 颗粒胶浆进行处理。

（3）EPS 板间若有预留间隔带应采用胶粉 EPS 颗粒胶浆填塞。

（4）挂网、抹抗裂砂浆做法同 2.3.1。

2.4 现浇混凝土外保温系统工程

现浇混凝土外保温系统目前常用的有：EPS 板现浇混凝土外保温系统和 EPS 钢丝网架板现浇混凝土保温系统，在基层混凝土浇筑前即已开始施工。

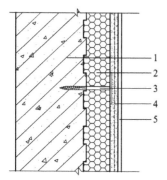

图 2.8 EPS 板现浇混凝土外
保温系统（无网现浇系统）
1—现浇混凝土外墙；2—EPS 板；
3—锚栓；4—薄抹面层；
5—饰面层

2.4.1 EPS 板现浇混凝土外保温系统

1．系统构造

EPS 板现浇混凝土外保温系统是以现浇混凝土外墙作为基层，EPS 板为保温层。其构造方式是，先在 EPS 板一面开矩形齿槽（称为内表面），再在其内、外表面满涂界面砂浆，拼装时置于外墙外侧模板内侧（内表面朝待浇混凝土），并安装锚栓作为辅助固定件。施工时，先拼装好 EPS 板，再组装模板、浇注墙体混凝土。待墙体混凝土硬化后（即与 EPS 板、锚栓结为一体），再在 EPS 保温板外表面做抹面胶浆薄抹面层（其中应满铺加强网），最后做饰面层（图 2.8）。这种现浇混凝土外保温系统又简称为无网现浇系统。

2．施工工艺流程

绑扎钢筋、垫块 → 拼装保温板 → 安装锚栓 → 墙体模板安装 →

浇筑混凝土 → 拆模、表面整修 → 挂网、抹抗裂砂浆 → 饰面层

3．操作要点

1）绑扎钢筋、垫块

（1）绑扎墙体钢筋时，与保温板接触一侧的钢筋宜采用弯锚，以免直筋戳破板材。

（2）绑扎完墙体钢筋后在钢筋外侧绑扎水泥垫块，每平方米保温板不少于 4 块（具体数量根据板高而定）。

2）拼装保温板

（1）EPS 板宽度宜为 1200mm，高度宜为建筑物层高。进场前必须在一面开好矩形齿槽，双面预喷涂界面砂浆。

（2）安装保温层时，应先固定阴阳角保温构件（可以是预制胶粉聚苯颗粒保温浆料或

发泡聚氨酯预制角构件），再按模板高度由下到上固定聚苯板于垫块外侧，并将竖缝用专用胶粘结在一起。

（3）保温板间的竖向拼缝处应用扎丝绑扎，绑扎间距不得大于 150mm。

3）安装锚栓

（1）在安装好的保温板面上弹线，标出锚栓位置（每平方米宜设 2～3 个），用电烙铁或其他工具在锚栓定位处穿孔，之后在孔内塞入锚栓，锚栓端部与墙体钢筋绑扎做临时固定。

（2）满涂聚苯胶填补门窗洞口两边齿槽形缝隙的凹槽处，以免在浇灌混凝土时在该处跑浆（冬施时保温板上可不开洞口，待全部保温板安装完毕后再锯出洞口）。

4）墙体模板安装

（1）在安装外侧模板时，须在模板根部采取可靠定位措施（如限位钢筋等），防止模板挤压保温板。

（2）穿模板定位螺栓和钢筋须封堵严密，防止跑浆。

（3）模板应采用大模板施工，当采用覆膜大模板时，严禁随意钻孔等穿透模板。

（4）与聚苯板直接接触一侧的模板禁止涂刷脱模剂。

（5）门窗洞口等易漏浆部位应粘贴双面海绵胶条。

5）浇筑混凝土

（1）在浇筑混凝土时，应在混凝土下料部位设置导流板，导流板紧靠外侧墙筋，严禁泵管正对 EPS 板下料。

（2）混凝土应分层浇筑，分层高度应控制在 1000mm 内，插入式振动棒振动间距应≤500mm，严禁振动棒接触保温板。

6）拆模、表面整修

（1）模板拆除时，在模板与 EPS 板之间使用撬棍应采取可靠措施，避免损坏保温板。

（2）保温板上穿墙管留孔应用相同规格保温材料堵孔。

（3）EPS 板缺损或表面平整度无法满足下道工序施工时宜使用胶粉 EPS 颗粒保温浆料作为过渡层加以修补（厚度≥10mm）。

7）挂网、抹抗裂砂浆做法

同 2.2.3 相关内容。

2.4.2　EPS 钢丝网架板现浇混凝土保温系统

1. 系统构造

EPS 钢丝网架板（图 2.9）现浇混凝土外保温系统也是以现浇混凝土外墙作为基层，EPS 单面钢丝网架板为保温层。其构造方式是，先在钢丝网架板的 EPS 板外侧开条形凹凸槽，拼装时将钢丝网架板置于外墙外模板内侧（钢丝网架侧朝着外模板），并在 EPS 板上锚固 "U" 形 φ6 钢筋钩紧钢丝网架作为辅助固定件。施工时，先拼装好 EPS 钢丝网架板，再组装模板、浇筑墙体混凝土。待墙体混凝土硬化后（即与钢丝网架板网片、辅助固定件结合为一体，形成三维空间的有网体系），再做界面挂网处理，最后做饰面层（图 2.10）。这种现浇混凝土外保温系统又简称为有网现浇系统。

 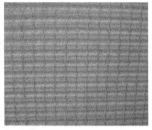

图 2.9　EPS 钢丝网架板

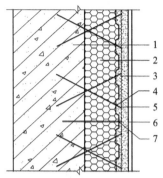

图 2.10　EPS 钢丝网架板现浇混凝土外保温系统(有网现浇系统)

1—现浇混凝土外墙；2—水平齿槽 EPS 板(面喷界面砂浆)；3—掺外加剂的砂浆保护层；4—斜插腹丝；5—钢丝网架；6—饰面层；7—"U"形 φ6 钢筋

2. 施工工艺流程

绑扎钢筋、垫块 → 拼装保温板 → 安装"U"形锚固钢筋 → 墙体模板安装 → 浇筑混凝土 → 拆模、表面整修 → 挂网(界面处理)、抹抗裂砂浆 → 做饰面层

3. 操作要点

1) 绑扎钢筋

(1) 靠近保温板的横向分布筋应弯成 L 形，以保护保温板。

(2) 在外侧钢筋外皮及时绑扎垫块，垫块按每块 EPS 板板宽不少于 2 点、每块板内不少于 6 组且拼板不少于 3 块设置，上口皮及拼板处不得漏设垫块。

2) 拼装保温板

(1) EPS 钢丝网架板安装前，外墙钢筋绑扎已完成，底部浮浆等已清理完成。

(2) EPS 钢丝网架板安装的排列原则是先边侧、后中间，先大面、后小面及洞口。

(3) 保温板间的竖向拼缝处应用扎丝绑扎，绑扎间距不得大于 150mm。

(4) 保温板槽口应水平向外，接缝均采用企口缝搭接，并用聚苯板胶粘结。

3) 安装"U"形锚固钢筋

(1) 锚固钢筋穿插 EPS 钢丝网架板时可采用电烙铁引孔穿筋，避免损伤 EPS 板。

(2) 经过防锈处理的"U"形钢筋用扎丝与剪力墙外侧竖向钢筋绑扎定位，锚入混凝土深度不得小于 100mm。

(3) "U"形 φ6 辅助锚固钢筋每平方米宜设 2~3 个。

4) 墙体模板安装

做法同 2.4.1。

5) 浇筑混凝土

(1) 混凝土浇筑前，宜先在 EPS 钢丝网架板与模板之间的缝隙上口处覆盖塑料薄膜条，并应按一定间距设置门字形封口卡。

(2) 在浇筑混凝土时，应在混凝土下料部位设置导流板，导流板紧靠外侧墙筋，严禁泵管正对 EPS 板下料。

（3）混凝土应分层浇筑，分层高度应控制在 1000mm 内，插入式振动棒振动间距应≤500mm，严禁振动棒接触保温板和锚固筋。

6）拆模、表面整修

（1）模板拆除时，在模板与 EPS 板之间使用撬棍应采取可靠措施，避免损坏保温板。

（2）保温板上穿墙螺栓、套管孔应用相同规格保温材料堵孔。

（3）EPS 板缺损或表面平整度无法满足下道工序施工时宜使用胶粉 EPS 颗粒保温浆料作为修补过渡层（内压钢丝网架）。

7）挂网（界面处理）、抹抗裂砂浆

（1）在 EPS 板拼缝处平铺 200m 宽的加强钢丝网片，在外墙门窗洞口四角加挂与洞口角部呈 45°的附加钢丝网片，门窗洞口阴阳角则采用"L"形附加钢丝网片，附加钢丝网与 EPS 板搭接长度不应小于 100mm，附加钢丝网片的规格、材质同 EPS 钢丝网架板网片。

（2）保温板和钢丝网架应满刷界面处理剂，不得露底。

（3）抗裂砂浆层应覆裹钢丝网片系统的钢丝，分层施工，严格控制抗裂砂浆层厚度不超过 25mm（含 EPS 板凹槽）。

2.5 喷涂硬泡聚氨酯外保温系统工程

2.5.1 喷涂硬泡聚氨酯外保温系统构造

喷涂硬泡聚氨酯外保温系统由基层墙体、底漆层、保温层、界面砂浆和颗粒找平层及饰面层构成。基层墙体可以为砌体结构或混凝土结构；保温层材料为聚氨酯保温层，直接喷涂在基层上；饰面层可为涂料或面砖。当采用涂料饰面时，抹面层中应满铺耐碱网（图 2.11）；当采用面砖饰面时，抹面层中应满铺热镀锌电焊网，并用锚栓与基层形成可靠固定（图 2.12）。

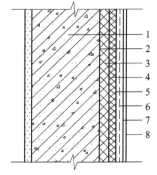

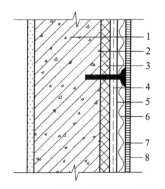

图 2.11　涂料饰面喷涂式硬泡聚
氨酯外保温系统构造

1—基层墙体；2—聚氨酯防潮底漆；
3—聚氨酯保温层；4—聚氨酯界面砂浆；
5—胶粉聚苯颗粒找平层；6—抗裂砂浆复
合耐碱网布；7—柔性腻子；8—外墙涂料

图 2.12　面砖饰面喷涂式硬泡聚氨
酯外保温系统构造

1—基层墙体；2—聚氨酯防潮底漆；
3—聚氨酯保温层；4—聚氨酯界面砂浆；
5—胶粉聚苯颗粒找平；6—抗裂砂浆复合
热镀锌电焊网（锚固件固定）；
7—面砖粘结砂浆；8—面砖

2.5.2 喷涂硬泡聚氨酯外保温系统施工工艺

1. 施工工艺流程

1）涂料饰面喷涂式硬泡聚氨酯外保温系统施工工艺流程

清理基层 → 抹灰找平层 → 刷聚氨酯防潮底漆 → 安装预制聚氨酯模块 →

喷涂硬泡聚氨酯保温层 → 涂聚氨酯界面砂浆 → 胶粉聚苯颗粒找平 →

贴抗裂砂浆复合耐碱网布 → 刮柔性腻子 → 抹外墙涂料

2）面砖饰面喷涂式硬泡聚氨酯外保温系统施工工艺流程

清理基层 → 抹灰找平层 → 刷聚氨酯防潮底漆 → 安装预制聚氨酯模块 →

喷涂硬泡聚氨酯保温层 → 涂聚氨酯界面砂浆 → 胶粉聚苯颗粒找平 →

铺抗裂砂浆复合热镀锌电焊网 → 贴外墙面砖

2. 操作要点

1）清理基层

基层墙体应坚实平整，符合《混凝土结构工程施工质量验收规范》（GB 50204）或《砌体结构工程施工质量验收规范》（GB 50203）的要求。

2）抹灰找平层

找平层施工应满足《抹灰砂浆技术规程》（JGJ/T 220）的要求。

3）刷聚氨酯防潮底漆

（1）聚氨酯防潮底漆：稀释剂按 0.5：1 质量比搅拌均匀，并在 4h 内用完。

（2）稀释好的聚氨酯底漆采用滚刷均匀地涂刷于基层墙体。涂刷底漆应使聚氨酯喷涂的基层墙面覆盖完全，不得有漏刷之处。

4）安装预制聚氨酯模块

（1）墙面挂线确定保温层厚度，根据厚度制作预制聚氨酯模块。

（2）采用手锯或壁纸刀将预制聚氨酯模块裁成宽度为 150～300mm，一边含坡口的条形模块，以及实际需要的不规则形状。

（3）将制成的模块用聚氨酯预制件胶粘剂粘贴在墙体阴、阳角处。对于门窗洞口、装饰线角，女儿墙边沿等部位，用聚氨酯直角膜裁成平板沿边口粘贴，同样坡口向里紧贴墙面。

（4）预制聚氨酯模块粘贴完成 24h 后，用电锤在预制聚氨酯模块表面向内打孔，用塑料螺栓固定，进墙深度不小于 30mm，拧入或敲入螺栓，钉头不超出板面，平均每个模板 1～2 个螺栓。

5）喷涂硬泡聚氨酯保温层

（1）喷涂操作时，环境温度宜为 10～40℃，具体温度控制应根据不同喷涂材料品牌的技术要求而定。风速应不大于 5m/s（三级风），相对湿度应小于 80%。雨天与雪天不得施工。

（2）采用高压无气喷涂机将聚氨酯保温硬泡均匀地喷涂于墙面之上，喷涂应从安装好的角膜坡口处开始，起泡后，再沿发泡边沿喷涂施工。

（3）聚氨酯硬泡的喷涂，每遍厚度不宜大于15mm。当日的施工作业面必须当日连续喷涂完毕。

（4）喷涂第一遍后在喷涂硬泡层上插与设计厚度相等标准厚度钉，插钉间距宜为300～400mm，并成梅花状分布。

（5）插钉之后继续施工，控制喷涂厚度刚好覆盖钉头为止。

6）涂聚氨酯界面砂浆

聚氨酯保温层喷涂4h后可施工聚氨酯界面砂浆处理，采用滚子或喷斗均匀涂于聚氨酯保温层上。

7）胶粉聚苯颗粒找平

（1）聚氨酯硬泡喷涂完工至少48h后，进行找平层施工。

（2）胶粉聚苯颗粒找平层应分层施工，每层间隔24h以上，厚度不超过10mm。

8）贴抗裂砂浆复合耐碱网布

（1）保温层施工完毕后3～7d进行验收后可施工抗裂层。

（2）抹抗裂砂浆、压入耐碱网布。将3～4mm厚抗裂砂浆均匀抹在保温层表面，立即将裁好的耐碱网格布用抹子压入抗裂砂浆内，网格布之间搭接不应小于50mm，并不得使网格布皱褶、空鼓、翘边。

（3）阳角处两侧耐碱网格布双向绕角相互搭接，各侧搭接宽度不小于200mm。

（4）门窗洞口四角应预先沿45°方向增贴300mm×400mm的附加耐碱网布。

9）铺抗裂砂浆复合热镀锌电焊网

（1）镀锌钢丝网应按楼层间尺寸裁好，抹抗裂砂浆一般分两遍完成，第一遍厚度为3～4mm，随即竖向铺镀锌钢丝网并插丝，然后用抹子将镀锌钢丝网压入砂浆，其搭接宽度不应小于40mm，先压入一侧，抹抗裂砂浆，随即用锚栓将其固定(锚栓每平方米宜设5个，锚栓锚入墙体深度应≥50mm)，再压入另一侧，严禁干搭。

（2）边口铺设镀锌钢丝网时，宜采取预制直角网片，用锚固件固定。

（3）镀锌钢丝网铺贴平整，饱满度应达到100%。抹第二遍找平抗裂砂浆时，将镀锌钢丝网包覆于抗裂砂浆之中，使抗裂砂浆的总厚度控制在(10±2)mm，抗裂砂浆面层平整。

10）刮柔性腻子

在抗裂砂浆基层基本干燥后刮柔性腻子，宜刮两遍，使其表面平整光洁。

2.6　机械固定钢丝网架板外保温系统工程

2.6.1　机械固定钢丝网架板外保温系统构造

机械固定钢丝网架板外保温系统由基层墙体、网架板、抹面层、机械固定装置及饰面层构成。基层墙体混凝土结构或砌体结构，保温层材料主要为EPS钢丝网架板，用机械固定装置与基层形成可靠固定(图2.13)。

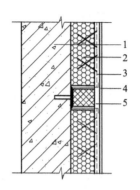

图 2.13 机械固定钢丝网架板外保温系统
1—基层；2—EPS 钢丝网架板；3—掺外加剂的水泥砂
浆厚抹面层；4—饰面层；5—机械固定装置

2.6.2 机械固定钢丝网架板外保温系统施工工艺

1. 施工工艺流程

墙体表面处理 → 准备安装时所需配件 → 分层安装角钢托架 →

裁板、安装 → 抹面层砂浆 → 做饰面层

2. 操作要点

1) 墙体表面处理

(1) 墙面应清理干净，无油渍、浮尘等，旧墙面松动、风化部分应剔凿清除干净。

(2) 基层墙体应坚实平整，符合《混凝土结构工程施工质量验收规范》(GB 50204)或《砌体结构工程施工质量验收规范》(GB 50203)的要求。

2) 分层安装角钢托架

在建筑物每层梁上(楼板下—40mm 处)，根据保温板厚度增设角钢，作为保温板的支撑。角钢用 M12 金属锚栓固定在墙面上，膨胀螺栓间距为 100mm，并在角钢上下面各焊 φ6 钢筋，长 100mm，间距 150mm，用于保温板两端的钢丝架绑扎。

3) 裁板、安装

(1) 按配板图施工，配板图应按墙体位置分段画出，图中须标明轴线位置、预留洞口尺寸。

(2) 所配板块分标准板、异形板，异形板须安排专人加工，并单独编号，分类堆放。

(3) 安装保温板时注意板缝拼接严密、板面平整、下料切锯平直、裁剪得当。保温板除层间拼缝外，不应出现水平拼缝，竖向拼缝上下一致。

(4) 保温板安装前应根据角钢的支撑高度或外挑檐之间的高度把保温板裁好。根据排板图，在建筑物墙面上用墨线画出保温板和金属锚栓安装位置，用电锤在墙面打孔用于安装金属锚栓。锚栓锚入墙体孔深应大于 30mm，对于加气混凝土基层，锚栓应用 L 形 φ6 锚固钢筋穿透基层锚固。

(5) 将保温板安装在预定位置。安装时应将角钢上下面的钢筋与保温板两端的钢丝架绑扎牢固,用金属锚栓把"U"形镀锌薄钢板网卡固定在墙面上,"U"形网卡两端压住钢丝网架,"U"形网卡每平方米不少于7个,最后将保温板缝用平网或角网加固定补强,门窗洞口处四周用连接网补强。

(6)保温板安装完毕后进行质量检查、校正、补强。

4)抹面层砂浆

外墙饰面抗裂砂浆抹灰应分挂浆底层和面层,先抹一层底灰,填满梯形凹槽,然后用砂浆刮糙找平,并覆盖钢丝网1~2mm。分层抹灰待底层抹灰初凝后方可进行面层抹灰,每层抹灰厚度不大于10mm,抹灰总厚度不宜大于30mm(从保温板凹槽表面起始)。

2.7 保温装饰复合板外保温系统工程

2.7.1 保温装饰板外保温系统构造

保温装饰复合板外保温系统由基层墙体、粘结层、锚固件、保温装饰板(图2.14)和嵌缝材料、密封材料等构成。施工时,采用以粘锚结合的方式(图2.15)或机械锚固方式(图2.16)将保温装饰板固定在基层上,并采用保温嵌缝材料封填板缝(图2.15)。

图2.14 保温装饰板

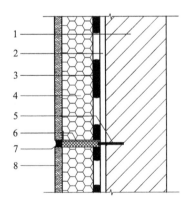
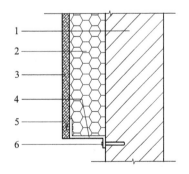

图2.15 粘锚保温装饰复合板系统
1—基层;2—防水找平层;3—胶粘剂;
4—保温材料;5—锚固件;6—嵌缝材料;
7—勾缝密封胶;8—装饰板

图2.16 机械锚固保温装饰复合板系统
1—基层;2—保温材料;3—装饰板;
4—连接件;5—锚固件1(面板与连接件);
6—锚固件2(连接件与墙体或龙骨)

2.7.2　保温装饰板外保温系统施工工艺

1. 施工工艺流程

1）粘锚保温装饰复合板系统施工工艺流程

基层处理 → 测量放线 → 挂基准线 → 粘贴保温装饰板 → 安装锚固件 →

板缝保温、密封、防水、排气处理 → 清理面层、成品保护 → 验收

2）机械锚固保温装饰复合板系统施工工艺流程

基层处理 → 测量放线 → 挂基准线 → 安装金属固定挂件（有龙骨系统安装龙骨）→

安装固定保温装饰板 → 板缝保温、密封、防水、排气处理 → 清理面层、成品保护 → 验收

2. 操作要点

1）基层处理

（1）基层应坚实、平整、干燥、干净，基层施工质量除应符合《建筑装饰装修工程质量验收规范》（GB 50210）、《建筑工程施工质量验收统一标准》（GB 50300)外，尚应符合系统使用说明书的要求。

（2）新建建筑基层墙体应采用强度不低于 M7.5 聚合物水泥砂浆抹面，抹灰层厚度不宜大于 15mm，抹灰层允许尺寸偏差应符合《建筑装饰装修工程质量验收规范》（GB 50210)的要求。

（3）对既有建筑墙体进行保温改造时，应对外墙原有装饰面进行检查，经检查验收合格方能进行外墙外保温施工。

（4）基层墙体不满足要求时，应按以下方法进行处理。

① 对新建工程，墙面垂直度、平整度不满足部分应剔凿或修补。采用抹灰修补时，抹灰总厚度≥35mm 时，应采取加强措施。

② 对既有建筑墙体进行保温改造时，基层不能保证与保温装饰复合板粘结牢固的部分，应清除干净并进行修补和找平。基层经检查验收合格后，方可进行下道工艺施工。

2）测量放线

根据建筑立面设计，在墙面弹出门窗口水平线、垂直控制线、分隔缝线等。

3）挂基准线

在建筑物四大角及其他必要处挂垂直基准线，每个楼层适当位置挂水平线，以便控制保温装饰复合板的垂直度及平整度。

4）粘锚系统保温装饰板安装

（1）配胶粘剂。

严格按照生产厂家提供的配合比及使用说明书进行配制，配制时应专人负责。胶粘剂应随用随搅拌，已搅拌好的胶粘剂应在 2～4h 内用完。

（2）粘贴保温装饰板。

① 安装前，应按保温装饰复合板的规格、设计要求及施工现场的尺寸进行排板，并编号、标记。需裁切的保温装饰复合板应布置在阴阳角部位，板宽不应小于 300mm。

② 施工顺序垂直方向应由下到上，水平方向应先阳角后阴角，先大面，后小面及

洞口。

③ 粘贴方法可采用点粘法或满粘法,采用点粘法时胶粘剂厚度必须控制在 3～8mm,粘贴面应满足设计要求,且粘贴面应不小于 50%,不得在板的侧面涂抹胶粘剂。

④ 粘贴时,应轻柔、均匀挤压保温装饰复合板,注意清除板边溢出的胶粘剂,随时用 2m 靠尺和托线板检查垂直度和平整度。

（3）安装锚固件。

① 锚固件安装应用电锤钻孔,锚固深度进入基层不应小于 35mm。

② 锚固件数量每平方米不应小于 6 个。

③ 扣件应采用不锈金属件,伸入板内不应小于 25mm,应受力于面板或加强板,扣件不得直接受力于保温板。

④ 膨胀管件伸入墙体≥35mm,材质可采用尼龙(严禁使用再生料),锚栓可采用热镀锌或不锈钢。

5）机械锚固系统保温装饰板安装

（1）安装金属固定挂件。

按专项施工方案和产品说明书的要求在墙面相应位置设置钻孔点,安装时采用电锤钻孔,然后用膨胀螺栓将金属固定挂件牢固锚定在墙体上。膨胀螺栓每平方米不少于 5 个,20m 以上不少于 7 个。

（2）有龙骨系统安装龙骨。

龙骨按照墙面上纵横向位置线进行安装,采用膨胀螺栓固定龙骨时,用电锤钻孔,膨胀螺栓锚固深度不小于 50m。

（3）安装固定保温装饰板。

① 按专项施工方案和产品说明书的要求编号进行安装。

② 采用专用金属挂件安装固定时,按照相应系统的安装方式固定。若采用膨胀螺栓固定时,用膨胀螺栓固定。

③ 施工顺序垂直方向应由下到上,水平方向应先阳角后阴角,先大面,后小面及洞口。

6）板缝保温密封、防水、排气处理

（1）用专用工具清理分隔缝两侧的飞边、毛刺及溢出的胶粘剂,按设计要求填塞分隔缝。

（2）用泡沫塑料或聚苯乙烯做保温棒时,直径或宽度应为缝宽的 1.3 倍,填入的厚度应与保温层厚度相同。

（3）对分隔缝密封及防水处理时,深度应为缝宽的 50% 左右。

（4）排气孔宜设置在分隔缝处,待密封胶施工完毕 24h 后,在板缝中间或十字交叉处安设。排气孔按每 15m² 设置 1 个,钻同排气栓相匹配的孔,并在孔内和排气栓四周涂上密封胶后,将排气栓嵌入孔中,要求排气孔朝下,以防进水,气孔不堵塞。安装排气栓时,粘贴必须牢固无渗漏,靠近顶部或女儿墙处安装大号排气栓。

7）清理面层

（1）揭保护膜应在粘贴保温板完毕 30d 后进行,清洁板面应在拆除外架前进行。

（2）待所有工艺全部完成后,撕去板面保护膜、打胶时粘贴美纹纸。如板面不慎留有密封胶,应及时用布蘸专用清洁剂清除,再用清水布清除一遍。严禁用硬度超过板面的工具剔除,防止损坏装饰板面。

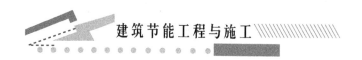

2.8 墙体自保温系统工程

2.8.1 墙体自保温系统构造

墙体自保温系统就是由自保温砖或自保温砌块砌筑而成、两侧不再进行保温隔热处理的墙体。其热工性能满足建筑所在地区现行建筑节能设计标准中外墙热工性能的规定。

2.8.2 墙体自保温系统工程施工工艺

墙体自保温系统工程的施工工艺与普通砌筑墙体的施工工艺完全相同。

1. 施工工艺流程

试排砌块 → 拌制砂浆 → 立皮数杆 → 挂线砌筑 → 抹面层砂浆 → 做饰面层

2. 操作要点

1）试排砌块

根据设计图纸及各部位尺寸,立皮数杆、排砖摞底,使组砌方法合理,便于操作。

2）拌制砂浆

砂浆应随拌随用,砂浆拌和后和使用中,当出现泌水现象,应在砌筑前再次拌和。水泥砂浆和水泥混合砂浆应分别在拌成后 3h 和 4h 内使用完毕,当施工期间最高气温超过 30℃时,必须在拌成后 2h 和 3h 内使用完毕。

3）立皮数杆

(1) 砌体的施工应设置皮数杆,并根据设计要求、砖规格和灰缝厚度,在皮数杆上标明皮数及竖向构造的变化部位。各种预留洞、预埋件等应按设计图纸要求设置,避免事后剔凿。

(2) 墙体标高偏差宜通过调整上部灰缝厚度逐步校正,当偏差超出允许范围时,承重墙体标高偏差应在基础顶面、圈梁或梁顶面上校正,填充墙标高偏差应在墙中部设混凝土腰带校正。

4）挂线砌筑

(1) 砌体灰缝应横平竖直,水平灰缝厚度和竖向灰缝宽度宜为 10mm,但不应小于 8mm,也不应大于 12mm。

(2) 砌体灰缝砂浆应饱满,水平灰缝的砂浆饱满度不得低于 90%,竖向灰缝不得出现透明缝、瞎缝、假缝和通缝,严禁用水冲浆灌缝。

(3) 砌筑砌体时,孔洞位置应按产品标识的方向摆放。

(4) 设置构造柱的墙体应先砌墙,后浇混凝土。

(5) 填充墙砌筑至顶部应预留一定的空隙,待砌体砌筑完毕至少 7d 后才能进行顶部斜砌(角度为 60°~75°)顶紧。

(6) 砌筑时,在抗震设防地区应采用一铲灰、一块砖、一揉压的"三一"砌砖法砌筑。在非抗震设防地区可采用铺浆法砌筑,铺浆长度不得超过 750mm;当施工期间最高气温高于 30℃时,铺浆长度不得超过 500mm。

（7）构造柱砖墙应砌成大马牙槎，从柱脚开始两侧都应先退后进，每一个马牙槎沿高度方向的尺寸不宜超过 400～600mm。拉结筋按设计要求放置。构造柱内的落地灰、砖渣杂物必须清理干净，防止混凝土内夹渣。

（8）除设置构造柱的部位外，砌体的转角处和交接处应同时砌筑，对不能同时砌筑而又必须留置的临时间断处，应砌成斜槎，斜槎高不大于 1.2m。临时间断处的高度差，不得超过一步脚手架的高度。

（9）砌体工作段的分段位置宜设在伸缩缝、沉降缝、防震缝、构造柱处。

（10）构造柱、混凝土腰带、过梁等热桥部位按设计要求进行处理。

2.9　墙体节能工程质量标准与验收

2.9.1　主控项目质量标准与检验

（1）用于墙体节能工程的材料、构件等，其品种、规格、尺寸和性能应符合设计要求和相关标准的规定。

检验方法：对实物观察和尺量、称重检查；核查质量证明文件。

检查数量：按进场批次，每批随机抽取 3 个试样进行检查。质量证明文件应按照其出厂检验批进行核查。

（2）墙体节能工程使用的保温隔热材料，其导热系数、密度、抗压强度或压缩强度、燃烧性能应符合设计要求。

检验方法：核查质量证明文件和进场复验报告。

检查数量：全数检查。

（3）墙体节能工程采用的保温材料和粘结材料等，进场时应对其下列性能进行复验，复验应为见证取样送检。

① 保温板材的导热系数、密度、抗压强度或压缩强度。

② 粘结材料的粘结强度。

③ 增强网的力学性能、抗腐蚀性能。

检验方法：随机抽样送检，核查复验报告。

检查数量：同一厂家的同一种产品，当单位工程建筑面积在 20000m² 以下时各抽查不少于 3 次；当单位工程建筑面积在 20000m² 以上时各抽查不少于 6 次。

（4）寒冷地区外保温使用的粘结材料，其冻融试验结果应符合该地区最低气温环境的使用要求。

检验方法：核查质量证明文件。

检查数量：全数检查。

（5）墙体节能工程施工前应按照设计和施工方案的要求对基层进行处理，处理后的基层应符合保温层施工方案的要求。

检验方法：对照设计和施工方案观察检查；核查隐蔽工程验收记录。

检查数量：全数检查。

（6）墙体节能工程各层构造做法应符合设计要求，并应按照经过审批的施工方案施工。

检验方法：对照设计和施工方案观察检查；核查隐蔽工程验收记录。

检查数量：全数检查。

（7）墙体节能工程的施工，应符合下列规定。

① 保温隔热材料的厚度必须符合设计要求。

② 保温板材与基层及各构造层之间的粘结或连接必须牢固。粘结强度和连接方式应符合设计要求。保温板材与基层的粘结强度应做现场拉拔试验。

③ 浆料保温层应分层施工。当外墙采用浆料做外保温时，保温层与基层之间及各层之间的粘结必须牢固，不应脱层、空鼓和开裂。

④ 当墙体节能工程的保温层采用预埋或后置锚固件固定时，其锚固件数量、位置、锚固深度和拉拔力应符合设计要求。后置锚固件应进行锚固力现场拉拔试验。

检验方法：观察；手扳检查；保温材料厚度采用钢针插入或剖开尺量检查；粘接强度和锚固力核查试验报告；核查隐蔽工程验收记录。

检查数量：每个检验批抽查不少于 3 处。

（8）外墙采用保温板现场浇筑混凝土墙体时，保温材料的验收应符合规范规定；保温板的安装应位置正确、接缝严密，保温板在浇筑混凝土过程中不得移位、变形，保温板表面应采取界面处理措施，与混凝土粘结应牢固。

混凝土和模板的验收，应执行《钢筋混凝土结构工程施工质量验收规范》（GB 50204）的相关规定。

检验方法：观察检查；核查隐蔽工程验收记录。

检查数量：全数检查。

（9）当外墙采用保温浆料做保温层时，应在施工中制作同条件试件，检测其导热系数、干密度和压缩强度。保温浆料的同条件试件应实行见证取样送检。

检验方法：检查检测报告。

检查数量：每个检验批应抽样制作同条件试块不少于 3 组。

（10）墙体节能工程各类饰面层的基层及面层施工，应符合设计和《建筑装饰装修工程质量验收规范》（GB 50210)的要求，并应符合下列规定。

① 饰面层施工的基层应无脱层、空鼓和裂缝，基层应平整、干净，含水率应符合饰面层施工的要求。

② 外墙外保温工程不宜采用粘贴饰面砖做饰面层。当采用时，必须保证保温层与饰面砖的安全性与耐久性。饰面砖应做粘结强度拉拔试验，试验结果应符合设计和有关标准的规定。

③ 外墙外保温工程的饰面层不应渗漏。当外墙外保温工程的饰面层采用饰面板开缝安装时，保温层表面应具有防水功能或采取其他相应的防水措施。

④ 外墙外保温层及饰面层与其他部位交接的收口处，应采取密封措施。

检验方法：观察检查。核查试验报告和隐蔽工程验收记录。

检查数量：全数检查。

（11）采用保温砌块砌筑的墙体，应采用具有保温功能的砂浆砌筑。砌筑砂浆的强度等级应符合设计要求。砌体的水平灰缝饱满度不应低于 90%，竖直灰缝饱满度不应低于 80%。

检验方法：对照设计核查施工方案和砌筑砂浆强度试验报告。用百格网检查灰缝砂浆饱满度。

检查数量：每楼层的每个施工段至少抽查一次，每次抽查5处，每处不少于3个砌块。

(12) 采用保温墙板现场安装的墙体，应符合下列规定。

① 保温墙板应有型式检验报告，型式检验报告中应包含安装性能的检验。

② 保温墙板的结构性能、热工性能及与主体结构的连接方法应符合设计要求，与主体结构连接必须牢固。

③ 保温墙板的板缝、构造节点及嵌缝做法应符合设计要求。

④ 保温墙板板缝不得渗漏。

检验方法：核查型式检验报告、出厂检验报告、对照设计观察和淋水试验检查；核查隐蔽工程验收记录。

检查数量：型式检验报告、出厂检验报告全数核查；其他项目每个检验批应抽查5%，并不少于3件(处)。

(13) 当设计要求在墙体内设置隔汽层时，隔汽层的位置、使用的材料及构造做法应符合设计要求和相关标准的规定。隔汽层应完整、严密，穿透隔汽层处应采取密封措施。隔汽层冷凝水排水构造应符合设计要求。

检验方法：对照设计观察检查，核查材料质量证明文件和隐蔽工程验收记录。

检查数量：每个检验批应抽查5%，并不少于3件(处)。

(14) 外墙和毗邻不采暖空间墙体上的门窗洞口四周墙侧面，凸窗四周墙侧面或地面，应按设计要求采取隔断热桥或节能保温措施。

检验方法：对照设计观察检查，必要时抽样剖开检查；核查隐蔽工程验收记录。

检查数量：每个检验批应抽查5%，并不少于5个洞口。

(15) 寒冷地区外墙热桥部位，应按设计要求采取节能保温等隔断热桥措施。

检验方法：对照设计和施工方案观察检查；核查隐蔽工程验收记录。

检查数量：按不同热桥种类，每种抽查20%，并不少于5处。

2.9.2 一般项目质量标准与检验方法

(1) 进场节能保温材料与构件的外观和包装应完整无破损，符合设计要求和产品标准的规定。

检验方法：观察检查。

检查数量：全数检查。

(2) 当采用加强网作防止开裂的加强措施时，玻纤网格布的铺贴和搭接应符合设计和施工方案的要求。砂浆抹压应严实，不得空鼓，加强网不得皱褶、外露。

检验方法：观察检查；核查隐蔽工程验收记录。

检查数量：每个检验批抽查不少于5处，每处不少于2m²。

(3) 设置空调的房间，其外墙热桥部位应按设计要求采取隔断热桥措施。

检验方法：对照设计和施工方案观察检查。核查隐蔽工程验收记录。

检查数量：按不同热桥种类，每中抽查10%，并不少于5处。

(4) 施工产生的墙体缺陷，如穿墙套管、脚手眼、孔洞等，应按照施工方案采取隔断热桥措施，不得影响墙体热工性能。

检验方法：对照施工方案观察检查。

检查数量：全数检查。

（5）墙体保温板材接缝方法应符合施工工艺要求。保温板拼缝应平整严密。

检验方法：观察检查。

检查数量：按墙体检验批检查。每个检验批抽查不少于3处。

（6）墙体采用保温浆料时，保温浆料层宜连续施工；保温浆料厚度应均匀、接槎应平顺密实。

检验方法：观察、尺量检查。

检查数量：每个检验批抽查10%，并不少于10处。

（7）墙体上容易碰撞的阳角、门窗洞口及不同材料基体的交接处等特殊部位，其保温层应采取防止开裂和破损的加强措施。

检验方法：观察检查；核查隐蔽工程验收记录。

检查数量：按不同部位，每类抽查10%，并不少于5处。

（8）采用现场喷涂或模板浇筑有机类保温材料做外保温时，有机类保温材料应达到陈化时间后方可进行下道工序施工。

检验方法：对照施工方案和产品说明书进行检查。

检查数量：全数检查。

2.9.3 墙体节能工程验收要求

（1）主体结构完成后进行施工的墙体节能工程，应在基层质量验收合格后施工，施工过程中应及时进行质量检查、隐蔽工程验收和检验批验收，施工完成后应进行墙体节能分项工程验收。与主体结构同时施工的墙体节能工程，应与主体结构一同验收。

（2）墙体节能工程应对下列部位或内容进行隐蔽工程验收，并应有详细的文字记录和必要的图像资料。

① 保温层附着的基层及其表面处理。

② 保温板粘接或固定。

③ 锚固件。

④ 增强网铺设。

⑤ 墙体热桥部位处理。

⑥ 预制保温板或墙板的板缝及构造节点。

⑦ 现场喷涂或浇筑有机类保温材料的界面。

⑧ 被封闭的保温材料厚度。

⑨ 保温隔热砌块填充墙体。

本 章 小 结

墙体节能工程，就是为减少建筑墙体的热能传导，所采用的保温隔热系统。本章介绍了粘贴保温板保温系统、涂抹保温浆料保温系统、现浇混凝土外保温系统、喷涂硬泡聚氨酯外保温系统、机械固定钢丝网架板外保温系统、保温装饰复合板外保温系统和墙体自保温系统等墙体节能系统工程的构造、施工工艺、质量标准和检验方法。

习　题

一、单选题

1. 墙体节能工程在建筑节能中发挥的作用是(　　)。
A. 减少墙体的热能传导性能
B. 增加墙体的热能传导性能
C. 保温隔热系统
D. 防止墙体热胀冷缩

2. 粘贴保温板保温系统是(　　)。
A. 在墙体上粘贴一层 EPS 板
B. 在墙体上粘贴一层 XPS 板
C. 在墙体上粘贴一层 PUR 板
D. 由粘结层、保温层、抹面层和饰面层构成。粘结层材料为胶粘剂，保温层材料可为 EPS 板、XPS 板和 PUR 板；抹面层为抹面胶浆中满铺加强网；饰面层可为饰面涂料或饰面砂浆

3. 涂抹浆料保温系统是(　　)。
A. 在墙体上直接涂抹一层胶粉 EPS 颗粒浆料
B. 在墙体上直接外涂一层玻化微珠保温浆料
C. 由基层、界面层、保温层、抹面层和饰面层五层构成。保温层材料为胶粉 EPS 颗粒或玻化微珠保温浆料，经现场拌和后抹或喷涂在基层上
D. 同时在外墙外侧涂抹一层胶粉 EPS 颗粒和玻化微珠保温浆料

4. 现浇混凝土外保温系统的保温层是(　　)。
A. 在混凝土基层外涂抹一层 EPS 保温颗粒浆料
B. 在现浇混凝土基层外侧固定一层 EPS 保温板
C. 在现浇混凝土基层外涂抹现场拌和的保温砂浆
D. 在外墙现浇一层保温混凝土

5. 喷涂硬泡聚氨酯外保温系统的保温层是(　　)。
A. 在墙体上喷涂的一层 EPS 颗粒浆料
B. 现场在墙体基层上喷涂一层聚氨酯液体，经发泡结硬形成的细孔硬质聚氨酯泡沫
C. 在硬泡聚氨酯外喷涂一层保温砂浆
D. 在现浇混凝土上喷涂一层硬泡聚氨酯

6. 机械固定钢丝网架板外保温系统构造是由(　　)构成。
A. 基层墙体、EPS 钢丝网架板、抹面层及饰面层
B. EPS 钢丝网架板、机械固定装置
C. 基层墙体、EPS 钢丝网架板及饰面层
D. 基层墙体、网架板及抹面层

7. 保温装饰板外保温系统固定方式有(　　)。
A. 粘锚结合方式
B. 机械锚固方式
C. 粘结方式
D. 粘锚结合方式和机械锚固方式

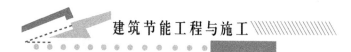
二、多选题

1. 墙体保温板有（　　　）。

A. EPS 板　　　　　B. XPS 板　　　　　C. PUR 板　　　　　D. 聚苯板

E. 木板

2. 保温浆料目前常用的主要有（　　　）。

A. 胶粉 EPS 颗粒保温浆料　　　　　B. 玻化微珠保温浆料

C. 水泥砂浆　　　　　D. 石灰砂浆

E. 保温纸筋浆

3. 墙体自保温系统是（　　　）的墙体。

A. 由自保温砖或自保温砌块砌筑而成、两侧不再进行保温隔热处理

B. 由自保温砖砌筑而成、两侧不再进行保温隔热处理

C. 由自保温砌块砌筑而成、两侧不再进行保温隔热处理

D. 同时在墙外侧涂抹一层胶粉 EPS 颗粒和玻化微珠保温浆料

E. 以上都不是

4. 墙体节能工程采用的保温材料和粘结材料等，进场时应对其（　　　）性能进行复验。

A. 保温板材的导热系数、密度、抗压强度或压缩强度

B. 粘结材料的粘结强度

C. 增强网的力学性能

D. 增强网的抗腐蚀性能

E. 保温材料的导热系数、密度和抗拉压强度

5. 采用保温墙板现场安装的墙体，应符合下列哪些规定？（　　　）

A. 保温墙板应有型式检验报告，其中应包含安装性能的检验

B. 保温墙板的结构性能、热工性能及主体结构的链接方法应符合设计要求

C. 保温墙板的板缝、构造节点及嵌缝做法应符合设计要求

D. 保温墙板板缝不得渗漏

E. 保温墙板与主体结构连接必须牢固

三、问答题

1. 简述粘贴保温板保温系统的构造。

2. 简述胶粉 EPS 颗粒保温浆料外保温系统工程的施工工艺流程。

3. 除 2.4 节所述现浇混凝土外保温系统，本章其他外墙保温系统能否适用于现浇混凝土外墙？如果能适用，为什么不叫做"现浇混凝土外保温系统"？

4. 什么是墙体自保温系统工程？自保温墙体与普通墙体的区别是什么？

5. 墙体节能工程各构造的质量标准和检验方法是什么？

综　合　实　训

【实训目标】

通过实践，熟悉墙体保温节能工程的一般施工程序、施工要领，习得墙体保温节能工程的基本施工能力。

【实训要求】

（1）根据学校实训条件，选择一种墙体保温节能工程，以小组为单位进行实训。

（2）每小组在层高 3m、宽度 3.6m 的墙面上施工保温节能工程。

（3）编写所选墙体保温节能工程的施工方案［含施工准备（技术准备、材料准备、机具准备），施工流程，操作要点，实施计划］。

（4）在校内实训场真实操作，提交成品。

第 3 章

幕墙节能工程

教学目标

本章介绍了建筑幕墙节能的有关基本概念，幕墙节能的构造和施工工艺，以及幕墙节能工程质量检验的相关知识。通过本章学习应掌握建筑幕墙节能工程的施工与质量验收，包括玻璃幕墙、石材幕墙、金属幕墙等节能工程。

教学要求

分项要求	对应的具体知识与能力要求	权重
了解概念	（1）了解节能幕墙的基本概念 （2）了解节能幕墙的构造	10％
掌握知识	（1）掌握节能幕墙的施工工艺 （2）掌握节能幕墙的质量验收要求	70％
习得能力	（1）拓展初步编制节能幕墙施工技术交底的能力 （2）现场施工质量控制与检验的能力	20％

引　例

　　建筑幕墙以其美观、轻质、耐久、易维修等优良特性被建筑师、建筑业主所青睐。在钢结构建筑和超高层建筑中，已经不大可能再使用砌块或混凝土板等重质围护结构了。对于这些建筑，建筑幕墙是最好的选择。随着城市建设的现代化，越来越多的建筑使用建筑幕墙。

3.1　概　　述

3.1.1　建筑幕墙简述

　　建筑幕墙包括玻璃幕墙、金属幕墙、石材幕墙及其他板材幕墙等，种类非常多。

　　玻璃幕墙的透明部分也叫透明幕墙。对于透明幕墙，节能设计标准中对其有遮阳系数。传热系数、可见光透射比、气密性能等相关要求。为了保证幕墙的正常使用功能，在热工方面对玻璃幕墙还有抗结露要求、通风换气要求等。

　　玻璃幕墙的不透明部分，以及金属幕墙、石材幕墙、人造板材幕墙等，都属于非透明幕墙。对于非透明幕墙，建筑节能的指标要求主要是传热系数。但同时，考虑到建筑节能问题，还需要在热工方面有相应的要求，包括避免幕墙内部或室内表面出现结露，冷凝水污损室内装饰或功能构件等。

　　虽然在建筑中大量使用玻璃幕墙对建筑节能非常不利，但如果能结合使用金属幕墙、石材幕墙、人造板材幕墙等，就能很好地解决节能问题，达到既轻质、美观，又满足节能的要求。

3.1.2　建筑幕墙的特点

　　(1) 具有完整的结构体系。建筑幕墙通常是由支承结构和面板组成，支承结构可以是钢桁架、单索、平面网索、自平衡拉索(拉杆)体系、鱼腹式拉索(拉杆)体系、玻璃肋、立柱、横梁等，面板可以是玻璃板、石材板、铝板、陶瓷板、陶土板、金属板、彩色混凝土板等。整个建筑幕墙体系通过连接件(如预埋件或化学锚栓)挂在建筑主体结构上。

　　(2) 建筑幕墙自身应能承受风荷载、地震荷载和温差作用，并将它们传递到主体结构上。

　　(3) 建筑幕墙应能承受较大的自身平面外和平面内的变形，并具有相对于主体结构较大的变形能力。

　　(4) 建筑幕墙不分担主体结构所受的荷载和作用。

　　(5) 抵抗温差作用能力强。当外界温度变化时，建筑结构将随着环境温度的变化发生热胀冷缩。如果不采取措施，在炎热的夏天，空气的温度非常高，建筑物大量吸收环境热量，建筑结构会因此伸长，而建筑物的自重压迫建筑结构，使得建筑结构无法自由伸长，结果会把建筑结构挤弯、压碎；在寒冷的冬天，气温非常低，建筑结构会发生收缩，由于建筑物结构之间的束缚，使得建筑结构无法自由收缩，结果会把建筑结构拉裂、拉断。所以长的建筑物要用膨胀缝把建筑物分成几段，以此来满足温度变化给建筑结构带来的热胀冷缩要求。长的建筑物可以设立竖向膨胀缝，将建筑物分成数段；可是高的建筑物不可能用水平膨胀缝将建筑物切成几段,因为水平分缝后的楼层无法连接起来。

由于不能采用水平分段的办法解决高楼大厦结构热胀冷缩的问题,就只能采用建筑幕墙将整个建筑结构包围起来,建筑结构不暴露于室外空气中,因此由于建筑结构一年四季季节变化引起的热胀冷缩非常小,不会对建筑结构产生损害,保证了建筑主体结构在温差作用下的安全。

(6) 抵抗地震灾害能力强。砌体填充墙抵抗地震灾害的能力是很差的,在平面内产生 1/1000 位移时开裂,1/300 位移时破坏,一般在小地震下就会产生破损,中震下会破坏严重。其主要原因是砌体填充墙被填充在主体结构内,与主体结构不能有相对位移,在自身平面内变形能力很差,与主体结构一起震动,最终导致破坏。建筑幕墙的支承结构一般采用铰连接,面板之间留有宽缝,使得建筑幕墙能够承受 1/100～1/60 的大位移、大变形。尽管主体结构在地震波作用下摇晃,但建筑幕墙一般都保证安全无恙。

(7) 节省基础和主体结构的费用。玻璃幕墙的自重只相当于传统砖墙的 1/10,相当于混凝土墙板的 1/7,铝单板幕墙更轻,370mm 砖墙为 760kg/m²,200mm 空心砖墙为 250kg/m²,而玻璃幕墙只有 35～40kg/m²,铝单板幕墙只有 20～25kg/m²。极大地减少了主体结构的材料用量,也减轻了基础的荷载,降低了基础和主体结构的造价。

(8) 可用于旧建筑的更新改造。由于建筑幕墙是挂在主体结构外侧,因此可用于旧建筑的更新改造,在不改动主体结构的前提下,通过外挂幕墙,内部重新装修,则可比较简便地完成旧建筑的改造更新。改造后的建筑如同新建筑一样,充满现代化气息,光彩照人,不留任何陈旧的痕迹。

(9) 安装速度快,施工周期短。幕墙是由钢型材、铝型材、钢拉索和各种面板材料构成,这些型材和板材都能工业化生产,安装方法简便,特别是单元式幕墙,其主要的制作安装工作都是在工厂完成的,现场施工安装工作工序非常少,因此安装速度快,施工周期短。

(10) 维修更换方便。建筑幕墙构造规格统一,面板材料单一、轻质,安装工艺简便,因此维修更换十分方便。特别是对那些可独立更换单元板块和单元幕墙的构造,维修更换更是简单易行。

(11) 建筑效果好。建筑幕墙依据不同的面板材料可以产生实体墙无法达到的建筑效果,如色彩艳丽、多变,充满动感;建筑造型轻巧、灵活;虚实结合,内外交融,是现代化建筑的特征之一。

3.2 建筑幕墙的基本构造

幕墙的构造形式主要由墙板材料和节点构造区分。

3.2.1 点支式玻璃幕墙

点支式玻璃幕墙靠爪件以点接触方式支承幕墙玻璃,其节点的基本构造如图 3.1 所示。

3.2.2 铝框玻璃幕墙

铝框玻璃幕墙节点的基本构造如图 3.2 所示。

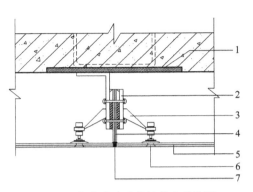

图 3.1 点支式玻璃幕墙节点构造图

1—预埋件；2—支承装置；3—爪件；

4—玻璃；5—玻璃；6—连接件；

7—密封材料

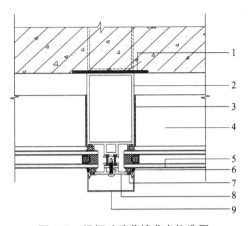

图 3.2 铝框玻璃幕墙节点构造图

1—预埋件；2—铝合金立柱；3—柔性垫片；

4—铝合金横梁；5—中空玻璃；6—密封胶；

7—胶条；8—铝合金压板；9—装饰扣件

3.2.3 金属幕墙

金属幕墙节点的基本构造如图 3.3 所示。

3.2.4 石材幕墙

石材幕墙节点的基本构造如图 3.4 所示。

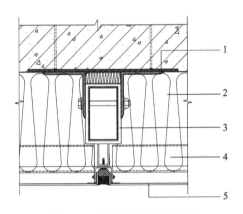

图 3.3 金属幕墙节点构造图

1—预埋件；2—防火、保温材料；3—铝合
金立柱；4—铝合金横梁；5—金属装饰板

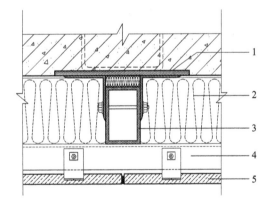

图 3.4 石材幕墙节点构造图

1—预埋件；2—防火、保温材料；
3—立柱；4—角钢；5—石材装饰板

3.3 幕墙节能工程施工工艺

3.3.1 施工准备

虽然建筑幕墙的种类繁多，但作为建筑的围护结构，在建筑节能的要求方面还是有一

定的共性，节能标准对其性能指标也有着明确的要求。

保温材料进场必须有出厂合格证、检验报告单等，进场后应进行见证取样复检，合格后方能使用。施工机具应备齐。

外墙面上的雨水管卡、预埋铁件、设备穿墙管道等提前安装完毕。基层的处理达到要求。

3.3.2 施工工艺流程

幕墙构件、玻璃板材和组件加工 → 施工测量 → 安装连接件 → 涂刷隔汽层 → 安装立柱和横梁 → 安装保温、防火隔断材料 → 安装玻璃、板材 → 板缝及节点处理 → 板面处理

3.3.3 操作要点

1. 保温材料固定

（1）当采用浆料类、板材类、喷涂型保温材料与主体围护结构固定时，其施工工艺参照相关规范要求施工。

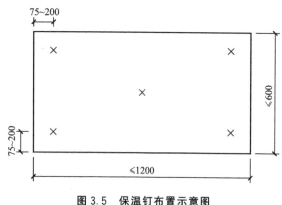

图 3.5 保温钉布置示意图

（2）棉毡型保温材料可采用岩棉钉或尼龙锚栓与结构固定，其数量宜≥5个/m²，锚入结构层深度不宜小于25mm，保温钉布置如图3.5所示。

棉毡型保温材料安装须在幕墙面板安装前完成，但应与面板的安装相继进行。自下而上按标准整张幅面进行排板，门窗洞口四角处不得拼接。棉毡应紧贴拼搭整齐，不得有褶皱，接缝缝隙不得大于3mm，最后用胶带密封所有接缝。

如果棉毡内侧设有隔汽膜，应在围护结构上用射钉先固定隔汽膜。如外侧设防风防水透气膜，宜将该膜置于保温层外侧，一次性固定。

填装防火保温材料时，应采用铝箔或塑料薄膜包扎，防止防火保温材料受潮失效。同时，填塞防火保温材料时，不宜在雨天或有风天气下施工。

采用粘贴胶钉固定棉毡时，应根据棉毡规格先布置胶钉位置，一般为每一块棉毡9个胶钉，胶钉粘贴于墙体外表面，待胶钉固化后，再将棉毡挂装在胶钉上固定。胶钉布点处，表面必须清理干净，不允许有水分、油污及灰尘等。

2. 层间保温材料安装

根据现场实际距离，弹出镀锌铁皮安装的水平线，进行镀锌铁皮的裁切加工。

采用射钉将镀锌铁皮固定在结构面上，射钉的间距应以300mm为宜。

依据现场实际间隙将防火保温材料裁剪后，平铺在镀锌铁皮上面。

在防火保温材料接缝部位，采用防火密封胶进行封堵。

最后进行顶部封口处理，即安装封口板。

3. 其余要求

幕墙除保温节能按上述要求之外，其余施工详见普通常规施工规范相关要求。

3.4 建筑幕墙的保温隔热技术措施

（1）建筑的玻璃幕墙面积不宜过大；空调建筑或空调房间应尽量避免在东、西朝向大面积采用玻璃幕墙；采暖建筑应尽量避免在北朝向大面积采用玻璃幕墙。

（2）在有保温性能要求时，建筑玻璃幕墙宜采用中空玻璃、Low-E 中空玻璃、充惰性气体的 Low-E 中空玻璃、两层或多层中空玻璃等。严寒地区可采用双层玻璃幕墙提高保温性能。

在有遮阳要求时，建筑玻璃幕墙宜采用吸热玻璃、镀膜玻璃（包括热反射镀膜、Low-E镀膜、阳光控制镀膜等）、吸热中空玻璃、镀膜（包括热反射镀膜、Low-E 镀膜、阳光控制镀膜等）中空玻璃等。

（3）保温型玻璃幕墙应采取措施，避免形成跨越分隔室内外保温玻璃面板的热桥。主要措施包括采用隔热型材、连接紧固件、采用隐框结构等。

保温型幕墙的非透明面板应加设保温层，保温层可采用岩棉、超细玻璃棉或其他不燃保温材料制作的保温板。

（4）保温型玻璃幕墙周边与墙体或其他围护结构连接处应采用有弹性、防潮型保温材料填塞，缝隙应采用密封剂或密封胶密封。

（5）空调建筑的向阳面，特别是东、西朝向的玻璃幕墙，应采用各种固定或活动式遮阳装置等有效的遮阳措施。在建筑设计中宜结合外廊、阳台、挑檐等处理方法进行遮阳。

建筑玻璃幕墙的遮阳应综合考虑建筑效果、建筑功能和经济性，合理采用建筑外遮阳并和特殊的玻璃系统相配合。

（6）医院、办公楼、旅馆、学校等公共建筑采用玻璃幕墙时，在每个有人员经常活动的房间，玻璃幕墙均应设置可开启的窗扇或独立的通风换气装置。

（7）当建筑采用双层玻璃幕墙时，严寒、寒冷地区宜采用空气内循环的双层形式；夏热冬暖地区宜采用空气外循环的双层形式；夏热冬冷地区与温和地区应综合考虑建筑外观、建筑功能和经济性。

（8）严寒、寒冷、夏热冬冷地区建筑玻璃幕墙应进行结露验算，在设计计算条件下，其内表面温度不应低于室内的露点温度。

（9）建筑幕墙的非透明部分，应充分利用幕墙面板背后的空间，采用高效、耐久的保温材料进行保温。

在严寒、寒冷地区，幕墙非透明部分面板的背后保温材料所在空间应充分隔汽密封，防止结露。幕墙与主体结构间（除结构连接部位外）不应形成热桥。

（10）空调建筑大面积采用玻璃幕墙时，根据建筑功能、建筑节能的需要，可采取用智能化控制的遮阳系统、通风换气系统等。智能化的控制系统应能够感知天气的变化，能结合室内的建筑需求，对遮阳装置、通风换气装置等进行实时监控，达到最佳的室内舒适效果和降低空调能耗。

（11）非透明幕墙主要是指石材幕墙或金属板幕墙，其热工性能由传热系数表征。非透明幕墙的后面一般都是实体墙，因此只要在非透明幕墙和实体墙之间作保温层即可。保温层一般采用保温棉或聚苯板，只要厚度达到要求即可实现良好的保温效果。

3.5 幕墙节能工程质量标准与验收

3.5.1 一般要求

幕墙节能工程质量要求主要有以下几点。

（1）对幕墙保温材料、玻璃、遮阳构件、密封条、隔热型材等质量要求和见证取样、复验的要求。

（2）对幕墙气密性能的要求，实验室送样检测的要求。

（3）对幕墙热工构造的要求，包括保温材料的安装、隔汽层、幕墙周边与墙体的接缝处保温材料的填充、构造缝、结构缝、热桥部位、断热节点、单元式幕墙板块间的接缝构造、冷凝水收集和排放构造等。

（4）幕墙节能工程检验批的划分及验收，还应按照《建筑装饰装修工程质量验收规范》（GB 50210）、《建筑节能工程施工质量验收规范》（GB 50411）的相关规定执行。

3.5.2 主控项目的质量标准与检验方法

（1）用于幕墙节能工程的材料、构件等，其品种、规格应符合设计要求和相关标准的规定。

检验方法：观察、尺量检查；核查质量证明文件。

检查数量：按进场批次，每批随机抽取 3 个试样进行检查；质量证明文件应按照其出厂检验批进行核查。

（2）幕墙节能工程使用的保温隔热材料，其导热系数、密度、燃烧性能应符合设计要求。幕墙玻璃的传热系数、遮阳系数、可见光透射比、中空玻璃露点应符合设计要求。

检验方法：核查质量证明文件和复验报告。

检查数量：全数核查

（3）幕墙节能工程使用的材料、构件等进场时，应对其下列性能进行复验，复验应为见证取样送检。

① 保温材料：导热系数、密度。

② 幕墙玻璃：可见光透射比、传热系数、遮阳系数、中空玻璃露点。

③ 隔热型材：抗拉、抗剪强度。

检验方法：进场时抽样复验，验收时核查复验报告。

检查数量：同一厂家的同一种产品抽查不少于一组。

④ 幕墙节能工程使用的保温材料，其厚度应符合设计要求，安装应牢固，不得松脱。

检验方法：对保温板或保温层采取针插法或剖开法，尺量厚度；手扳检查。

检查数量：按检验批抽查 30%，并不少于 5 处。

⑤ 幕墙工程热桥部位的隔断热桥措施应符合设计要求，断热节点的连接应牢固。

检验方法：对照幕墙节能设计文件，观察检查。

检查数量：按检验批抽查30％，并不少于5处。

3.5.3 一般项目的质量标准与检验方法

（1）单元式幕墙板块组装应符合下列要求。

① 密封条：规格正确，长度无负偏差，接缝的搭接符合设计要求。

② 保温材料：固定牢固，厚度符合设计要求。

③ 隔汽层：密封完整、严密。

④ 冷凝水排水系统通畅，无渗漏。

检验方法：观察检查；手扳检查；尺量；通水试验。

检查数量：每个检验批抽查10％，并不少于5件（处）。

（2）幕墙与周边墙体间的接缝处应采用弹性闭孔材料填充饱满，并应采用耐候密封胶密封。

检查方法：观察检查。

检查数量：每个检验批抽查10％，并不少于5件（处）。

（3）伸缩缝、沉降缝、抗震缝的保温或密封做法应符合设计要求。

检验方法：对照设计文件观察检查。

检查数量：每个检验批抽查10％，并不少于10件（处）。

3.5.4 质量记录

（1）节能幕墙工程验收时应检查下列文件和记录。

建筑节能设计审批表、幕墙节能工程设计图及其他设计文件、保温材料及构件型式检测报告和性能检测报告等。

（2）幕墙节能工程施工中应对下列部位或项目进行隐蔽工程验收，并应有详细的文字记录和必要的图像资料。

被封闭的保温材料厚度和保温材料的固定、幕墙周边与墙体的接缝处保温材料的填充、构造缝、结构缝、隔汽层、遮阳设施、隔断热桥部位、断热节点、单元式幕墙板块间的接缝构造、冷凝水收集和排放构造、幕墙的通风换气装置。

本 章 小 结

建筑幕墙节能是建筑围护结构节能的重要内容，对建筑能否达到节能要求具有重要意义。本章主要介绍了幕墙节能的构造和施工工艺，以及幕墙节能工程质量检验的相关要求。

习 题

一、单选题

1. 棉毡型保温材料可采用岩棉钉或尼龙锚栓与结构固定，其数量不宜少于（　　）。

A. 3 个/m²　　　　B. 4 个/m²　　　　C. 5 个/m²　　　　D. 6 个/m²

2. 当建筑采用双层玻璃幕墙时，严寒、寒冷地区宜采用（　　）形式。

A. 空气内循环的双层　　　　　　　　B. 空气外循环的双层

C. 空气内循环的单层　　　　　　　　D. 空气外循环的多层

3. 建筑玻璃幕墙面积不宜过大，采暖建筑应尽量避免在（　　）大面积采用玻璃幕墙。

A. 东朝向　　　　　B. 南朝向　　　　　C. 西朝向　　　　　D. 北朝向

4. 棉毡型保温材料安装须在幕墙面板安装前完成，棉毡应紧贴拼搭整齐，不得有褶皱，接缝缝隙不得大于（　　），最后用胶带密封所有接缝。

A. 2mm　　　　　B. 3mm　　　　　C. 4mm　　　　　D. 5mm

5. 严寒、寒冷、夏热冬冷地区建筑玻璃幕墙应进行结露验算，在设计计算条件下，其内表面温度不应低于室内的（　　）温度。

A. −5℃　　　　　B. 零点　　　　　C. 露点　　　　　D. 20℃

二、多选题

1. 建筑幕墙主要类型有（　　）。

A. 玻璃幕墙　　　B. 金属幕墙　　　C. 石材幕墙　　　D. 板材幕墙

2. 有保温性能要求时，建筑玻璃幕墙宜采用（　　）玻璃。

A. 中空玻璃　　　B. 双层玻璃　　　C. 单层玻璃　　　D. 钢化玻璃

3. 保温型幕墙的非透明面板应加设保温层，保温层可采用（　　）材料。

A. 岩棉　　　　　B. 超细玻璃棉　　　C. 不燃保温板　　　D. 沥青油膏

4. 对于透明幕墙，节能设计标准中对其有（　　）等相关要求。

A. 遮阳系数　　　B. 传热系数　　　C. 可见光投射比　　　D. 气密性能

5. 幕墙保温材料进场必须具有（　　）等，进场后应进行见证取样复检，合格后方可使用。

A. 采购发票　　　B. 出场合格证　　　C. 采购合同　　　D. 出场检验报告

三、问答题

1. 建筑幕墙在构造和功能方面有哪些特点？

2. 幕墙工程验收时，应主要对哪些文件和记录进行检查？

3. 简述幕墙的施工工艺流程。

4. 简述幕墙节能工程中保温材料的固定。

5. 简述幕墙节能工程的主要质量要求。

第 4 章

门窗节能工程

🔧 教学目标

本章介绍了建筑门窗节能的有关基本概念，门窗节能的构造和施工工艺，以及门窗节能工程质量检验的相关知识。通过本章学习应掌握建筑外门窗节能工程的施工与质量验收，包括金属门窗、塑料门窗、木质门窗、复合门窗、特种门窗等节能工程。

🔧 教学要求

分项要求	对应的具体知识与能力要求	权重
了解概念	(1) 了解节能门窗的基本概念 (2) 了解节能门窗的安装构造	10%
掌握知识	(1) 掌握节能门窗安装的操作要点 (2) 掌握节能门窗的施工工艺流程 (3) 掌握节能门窗的质量验收要求	80%
习得能力	(1) 拓展编制节能门窗施工技术交底的能力 (2) 门窗施工质量控制的初步能力	10%

建筑门窗对建筑物内部适应外界环境条件起着重要的作用。随着建筑物设计的现代化、高层化和窗户面积的不断扩大，新型门窗不断出现，也对门窗的抗风压、阻止冷风渗透、防止雨水渗漏、保温、隔热、隔声及采光等各方面提出了更高的要求。建筑门窗是整个建筑围护结构中保温隔热最薄弱的一个环节，是影响建筑节能的主要因素之一。门窗的保温隔热性能(传热系数)和空气渗透性能(气密性)两项物理性能指标达到(或高于)所在地区建筑节能设计标准及其各省、市、区实施细则技术要求的建筑门窗统称为节能门窗。衡量门窗节能效果的主要指标是门窗的保温功能和隔热功能。

4.1 概　述

4.1.1 门窗节能工程的一般规定

建筑门窗进场后，应对其外观、品种、规格及附件等进行检查验收，对质量证明文件进行核查。建筑外门窗工程施工中，应对门窗框与墙体接缝处的保温填充做法进行隐蔽工程验收，并应有隐蔽工程验收记录和必要的图像资料。

建筑外门窗工程的检验批应按下列规定划分。

1. 建筑外门窗工程的检验批划分

(1) 同一厂家的同一品种、类型、规格的门窗及门窗玻璃每 100 樘划分为一个检验批，不足 100 樘也作为一个检验批。

(2) 同一厂家的同一品种、类型和规格的特种门每 50 樘划分为一个检验批，不足 50 樘也作为一个检验批。

(3) 对于异形或有特殊要求的门窗，检验批的划分应根据其特点和数量，由监理(建设)单位和施工单位协商确定。

2. 建筑外门窗工程的检查数量

(1) 建筑门窗每个检验批应抽查 5%，并不少于 3 樘，不足 3 樘时应全数检查。高层建筑的外窗，每个检验批应抽查 10%，并不少于 6 樘，不足 6 樘时应全数检查。

(2) 特种门每个检验批应抽查 50%，并不少于 10 樘，不足 10 樘时应全数检查。

3. 门窗框与墙体接缝处的保温填充做法的隐蔽工程验收

(1) 预埋件、锚固件。

(2) 隐蔽部位的防腐、填嵌处理。

(3) 门窗框与墙体接缝处的保温填充做法。

4.1.2 门窗节能构造

1. 门窗与墙体连接安装节点图

(1) 附框安装节点如图 4.1 所示。

(2) 轻质墙体安装节点如图 4.2 所示。

(3) 钢结构墙体安装节点如图 4.3 所示。

（4）钢筋混凝土墙体安装节点如图 4.4 所示。

（5）砖墙体安装节点如图 4.5 所示。

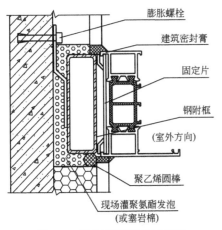

图 4.1 附框安装节点示意图

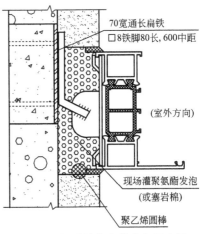

图 4.2 轻质墙体安装节点示意图

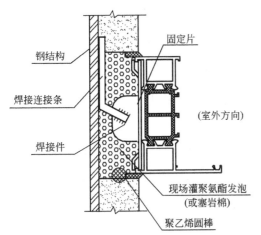

图 4.3 钢结构墙体安装节点示意图

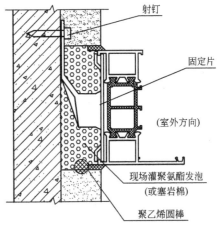

图 4.4 钢筋混凝土墙体安装节点示意图

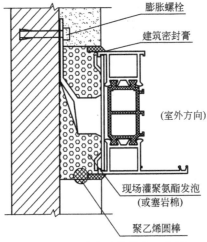

图 4.5 砖墙体安装节点示意图

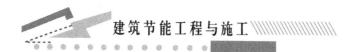

2. 门窗框沿墙外侧安装节点图

（1）门窗框沿墙外侧安装节点如图 4.6～图 4.9 所示。

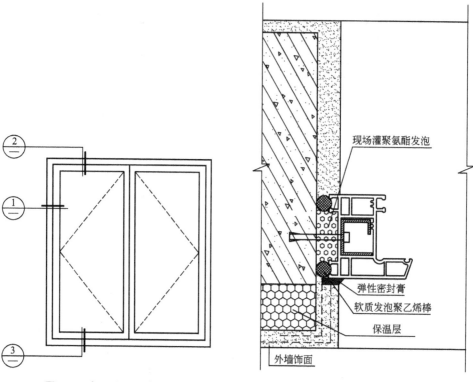

图 4.6　窗口立面示意图

图 4.7　节点 1 示意图

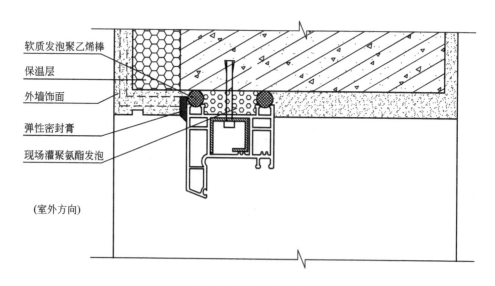

图 4.8　节点 2 示意图

（2）门窗框沿墙中部安装节点如图 4.10～图 4.13 所示。

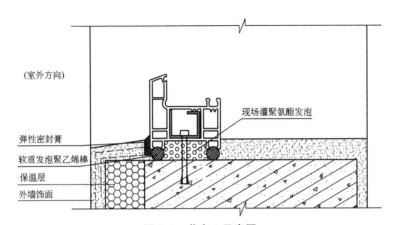

图 4.9　节点 3 示意图

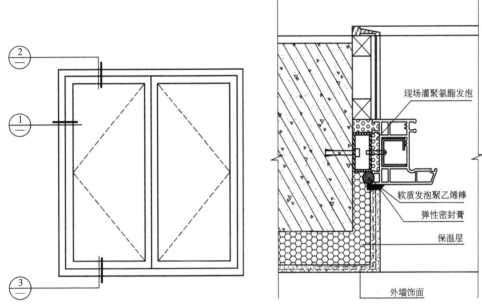

图 4.10　窗口立面示意图

图 4.11　节点 1 示意图

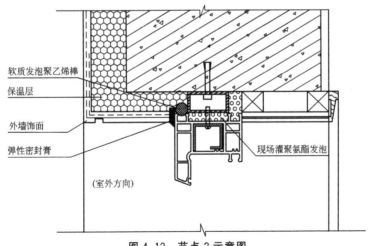

图 4.12　节点 2 示意图

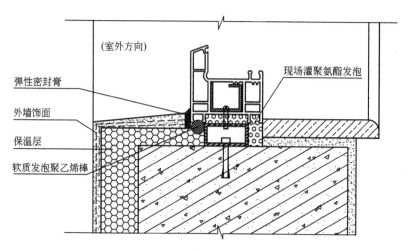

图 4.13 节点 3 示意图

3. 滴水线大样(图 4.14)

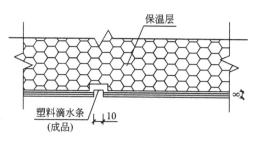

图 4.14 滴水线大样示意图

4.2 门窗节能工程施工工艺

4.2.1 施工准备

1. 技术准备

(1)根据设计图纸的外门窗品种、规格、型号进行翻样,并委托具备资质的专业单位加工及安装。如图 4.15 所示为划线定位。

(2)认真熟悉门窗节能工程的施工技术文件,结合工程特点和施工工艺,按国家现行有关标准的要求编制门窗节能工程专项施工方案,经监理/业主技术负责人审查批准后组织实施。

(3)施工前对相关人员做好技术交底工作。

(4)按设计要求确定门窗洞口收口做法。

(5)节能门窗根据设计门窗传热系数 K 值,确定型材及玻璃性能。

(6)节能门窗工程施工前,应在现场采用相同材料和工艺制作样板件(图 4.16),经有关各方确认后方可进行施工。

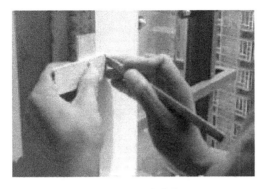

图 4.15　划线定位

图 4.16　全面打胶前的样板施工

2. 材料准备

（1）建筑外门窗的外观、品种、规格应符合设计要求和相关标准的规定。

（2）建筑外门窗进入现场时，应按地区类别及材料对其要求性能进行复验，复验应为见证取样送检。

（3）建筑门窗进场后，应对其色彩、开启方式、开启方向、安装孔方位及组合杆及附件等进行检查验收。

（4）建筑门窗采用的玻璃品种应符合设计要求。

（5）嵌缝剂、密封条、密封膏、防锈漆、防火、防腐、防蛀、防潮、玻璃胶等处理剂和胶粘剂应有产品合格证，并有环保检测报告。

（6）其他材料：自攻螺钉、连接件、膨胀螺栓、焊条等配件应符合相关标准要求。

3. 施工机具准备

（1）施工机械：电焊机、手枪钻、电锤等。

（2）施工工具：卷尺、打胶筒、抹子、锤子、玻璃吸手、活动扳手、钳子、螺丝刀、射钉枪、割刀、拉锚枪等。

4. 作业条件准备

（1）结构工程已完，且经质量验收合格，已完成交接手续。

（2）需要抹灰的墙面已做完灰饼、冲筋，并验收合格。

（3）门窗中心线和水平控制线已弹好，并验收合格。

（4）门窗的预埋件按其设标位置已预埋，并验收合格。

（5）外门窗已按节能验收规范抽样检查合格。

（6）门窗已进场，其外形及平整度均已检查校正，无翘曲、开焊、变形等缺陷，保护膜完好，已按不同规格和安装顺序存放在专用架上备用。

5. 作业环境

避免在雨天进行外门窗安装的嵌缝工作。焊接作业时，须有防雨、雪设施，雨雪不得直接落在施焊部位。冬期使用发泡胶和密封胶嵌缝时，应在无大风天且环境温度不得低于5℃时注胶。存放玻璃库房与作业面的温度相差不宜过大，应待玻璃温度与作业面温度相近后再进行安装。

4.2.2 施工工艺

1. 施工工艺流程

准备工作 → 测量、放线 → 确认安装基准 → 安装副框 → 校正 → 固定副框 →

土建抹灰收口 → 安装窗框 → 安装窗扇 → 填充发泡剂 → 塞聚乙烯棒 →

窗外周围打胶 → 五金件安装 → 清理、清洁 → 检查验收

2. 操作要点

(1) 在现场应按规定设有专职安全员，专门负责现场各单位协调，落实有关安全生产的规章制度，进场前和施工中前对安装队门窗工人进行安全教育和安全技术交底。施工用的各种材料应符合现行国家标准《民用建筑工程室内环境污染控制规范》(GB 50325)的规定。

(2) 在工作进入施工现场，全体工作人员必须戴安全帽及设置必要的安全标志。安装门、窗，在2m以上的梯子或站在窗台上进行高空作业时，必须系好安全带并做好操作平台的防护。

(3) 建筑门窗进场后应按规格、型号分类垫高、垫平码放，立放角度不小于70°。严禁与酸、碱、盐类物质接触，放置在通风、干燥的房间内，防止雨水侵入。

(4) 门窗运输时应轻拿轻放，并采取保护措施，避免挤压、磕碰，防止变形损坏。安装玻璃时应戴手套，以防伤手。装卸门窗应轻拿轻放，不得撬、甩、摔。吊运门窗，其表面应采用非金属软质材料衬垫，并选择牢靠的着力点，不得在框内插入抬杆起吊。当门窗在现场拼装时，应集中施工避免粉尘污染并采取防尘措施。

(5) 抹灰时残留在门窗框和扇上的砂浆应及时清理干净。建筑外门窗的安装必须牢固，在砌体上安装门窗严禁用射钉固定。

(6) 严禁以门窗为脚手架固定点和架子的支点，禁止将架子拉、绑在门窗框和扇上，防止门窗移位变形。安装门、窗及安装玻璃时，严禁操作人员站在凳子、阳台栏板上操作。门、窗临时固定，封填材料未达到强度，以及电焊时，严禁手拉门、窗进行攀登。

(7) 严禁在门窗上连接地线和在门窗框上引弧进行焊接作业，当连接件与预埋铁焊接时，门窗应采取保护措施，防止电焊火花损坏门窗。特殊工种(电工、焊工)持证上岗。

(8) 基层表面尘土、杂物等清理干净，放好保护胶带后方可开始打胶。打胶完成后应将保护胶带撕掉，擦干净门窗框、窗台表面，打好的胶应注意保养，完全固化前不要粘灰和碰伤胶缝。

(9) 切割材料应在封闭空间和在规定的时间内作业，减少噪声污染。门窗安装过程中产生的锯末、粉尘、边角料应及时清理回收，工完场清。

3. 成品保护

(1) 拆架子时应注意保护门窗，若有开启的必须关好后再落架子，防止撞坏门窗。

(2) 门、窗安装后应随时检查门窗框保护膜，有损伤处及时修补。保护薄膜应在墙面装饰面层完成后撕除，以防将表面划伤，影响美观。

图4.17 门窗贴膜保护

图4.18 打密封胶

（3）木门窗在砖石砌体、混凝土中的木砖应进行防腐处理。

（4）对于面积较大的玻璃，应采用设围栏、贴提示条等保护措施，防止损坏玻璃。

（5）门窗安装后，应采取有效措施防范后续工序对门窗的损坏和伤害。应对玻璃与框、扇同时进行清洗。严禁用酸性洗涤剂或含研磨粉的去污粉清洗热反射玻璃的镀膜面层。

4.3 门窗节能工程质量标准与验收

节能门窗安装质量既是建筑工程质量的重要环节，又是直接影响门窗使用功能、保温节能效果的重要环节，某些地区已列为工程质量验收的重要项目。因此，应根据《建筑节能工程施工质量验收规范》的要求，对门窗节能工程的施工质量进行检查和验收。

4.3.1 主控项目的质量标准与检验方法

（1）建筑外门窗进入现场时，应按地区类别及材料对其下列性能进行复验，复验应为见证取样送检。

① 夏热冬冷地区：气密性、传热系数、玻璃遮阳系数、可见光透射比、中空玻璃露点。

② 严寒、寒冷地区：气密性、传热系数和中空玻璃露点。

③ 金属窗、塑料窗、含这两种材料的复合窗：抗风压性能、空气渗透性能和雨水渗漏性能。

检验方法：随机抽样送检，检测复验报告。

检测数量：同一厂家同一品种同一类型的产品各抽查不少于3樘(件)。

（2）建筑外窗的气密性、保温性能、中空玻璃露点、玻璃遮阳系数和可见光透射比应符合设计要求。

检验方法：核查质量证明文件和复验报告。

检查数量：全数核查。

（3）金属外门窗隔断热桥措施应符合设计要求和产品标准的规定，金属副框的隔断热桥措施应与门窗框的隔断热桥措施相当。

检验方法：随机抽样，对照产品设计图纸，剖开或拆开检查。

检查数量：同一厂家同一品种同一类型的产品各抽查不少于1樘，金属副框的隔断热桥措施按检验批抽查 30％。

（4）建筑门窗采用的玻璃品种应符合设计要求。中空玻璃应采用双道密封。

检验方法：观察检查；核查质量证明文件。

检查数量：参看本章概述关于门窗检查数量的内容。

（5）严寒、寒冷、夏热冬冷地区的建筑外窗，应对其气密性进行现场实体检验，检测结果应满足设计要求。

检验方法：随机抽样，现场检验。

检查数量：同一厂家同一品种同一类型的产品各抽查不少于 3 樘。

（6）外门窗框或附框与洞口之间的间隙应采用弹性闭孔材料填充饱满，并使用密封胶密封；外门窗框与附框之间的缝隙应使用密封胶密封。

检验方法：观察检查；核查隐蔽工程验收记录。

检查数量：全数检查。

（7）特种门的性能应符合设计和产品标准要求；特种门安装中的节能措施，应符合设计要求。

检验方法：核查质量证明文件；观察、尺量检查。

检查数量：全数检查。

（8）严寒、寒冷地区的外门安装，应按照设计要求采取保温、密封等节能措施。

检验方法：观察检查。

检查数量：全数检查。

（9）天窗安装的位置、坡度应正确，封闭严密，嵌缝处不得渗漏。

检验方法：观察、尺量检查；淋水检查。

检查数量：参看本章 4.1 节关于门窗检查数量的内容。

4.3.2　一般项目的质量标准与检验方法

（1）门窗扇密封条和玻璃镶嵌的密封条，其物理性能应符合相关标准的规定。密封条安装位置应正确，镶嵌牢固，不得脱槽，接头处不得开裂。关闭门窗时密封条应接触严密。

检验方法：核查质量证明文件和复验报告。

检查数量：全数核查。

（2）门窗镀（贴）膜玻璃的安装方向应正确，中空玻璃的均压管应密封处理。

检验方法：观察检查。

检查数量：全数核查。

（3）外门窗遮阳设施调节应灵活，能调节到位。

检验方法：现场调节试验检查。

检查数量：全数核查。

4.3.3　门窗节能工程验收时文件和记录的检查

门窗节能工程验收时应对下列文件和记录进行检查。

（1）门窗工程的施工图、设计说明及其他设计文件。

（2）材料的产品合格证书、性能检测报告、进场验收记录和复验报告。

（3）特种门及附件的生产许可文件。

（4）隐蔽工程验收记录。

（5）施工记录。

（6）建筑外墙金属窗、塑料窗的抗风压性能、空气渗透性能和雨水渗透性能。

本 章 小 结

建筑门窗的节能是建筑围护结构节能的重要内容，对建筑能否达到节能要求具有重要意义。本章主要介绍了门窗节能的构造和施工工艺，以及门窗节能工程质量检验的相关要求。

习 题

一、单选题

1. 门窗节能专项施工方案，应经（   ）审查批准后方可组织实施。

A. 甲方代表   B. 项目经理

C. 业主技术负责人   D. 施工单位技术负责人

2. 冬期使用发泡胶和密封胶嵌缝时，应在无大风天且环境温度不得低于（   ）时注胶。

A. 0℃   B. 5℃   C. 10℃   D. 15℃

3. 严寒、寒冷、夏热冬冷地区的建筑外窗，应对其气密性进行现场实体检验，同一厂家同一品种同一类型的产品各抽查不少于（   ）樘。

A. 3   B. 5   C. 10   D. 50

4. 衡量门窗节能效果的主要指标是门窗的（   ）功能。

A. 空气渗透   B. 采光、通风

C. 阻止冷空气渗透   D. 保温、隔热

5. 建筑外门窗工程施工中，应对（   ）的保温填充做法进行隐蔽工程验收，并应有隐蔽工程验收记录和必要的图像资料。

A. 门窗框与墙体接缝处   B. 门窗框

C. 外墙   D. 保温、隔热门窗框

二、多选题

1. 建筑外门窗工程应按（   ）来划分。

A. 同一厂家   B. 同一品种   C. 同一尺寸   D. 同一类型

E. 同一规格

2. 建筑门窗进场后，应对其（   ）等进行检查验收。

A. 色彩   B. 开启方式   C. 尺寸、厚度   D. 开启方向

E. 组合杆及附件

3. 在严寒、寒冷地区，建筑门窗进场后，应对其（   ）等性能进行复验。

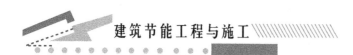

A. 气密性　　　　B. 玻璃遮阳系数　　　C. 可见光透射比　　　D. 传热系数

E. 中空玻璃露点

4. 门窗节能工程验收时应对（　　）文件和记录进行检查。

A. 门窗工程的施工图、设计说明　　　　B. 隐蔽工程验收记录

C. 施工交底记录　　　　D. 材料的产品合格证书

E. 进场验收记录和复验报告

三、案例题

某夏热冬冷地区的高校教学楼项目，建筑面积 12000m²，建筑层数 6 层，为框架结构，设计选用的建筑外窗为断热桥铝合金型材，Low-E 玻璃，目前，主体结构已经通过验收，窗的施工条件已经具备，安装作业班组已经就位。通过本章的学习并认真查阅相关资料后，完成后面的问题。

【问题】

（1）该工程的外窗在入场时应对哪些项目进行见证取样？复验的项目有哪些？

（2）门窗工程验收时，应对哪些文件和记录进行检查？

（3）现场实体检验内容有那些？检查数量是多少？

第5章

屋面节能工程

✿ 教学目标

　　本章介绍了各种屋面节能工程的构造，施工工艺。通过本章学习了解常用屋面节能工程的构造及优缺点，掌握常用屋面节能工程的施工工艺。熟悉节能工程施工工艺、屋面节能工程验收规范及其他相关法律法规的内容，并能据此分析具体案例。

✿ 教学要求

分项要求	对应的具体知识与能力要求	权重
了解概念	屋面节能工程的种类及其优缺点	10%
掌握知识	屋面节能工程施工工艺，屋面节能工程验收规范	60%
习得能力	拓展屋面节能工程施工方案的编制能力，施工质量检验能力	30%

华中大部分地区属湿热性气候,全年气温变化幅度大,干湿交变频繁。如武汉市区年绝对最高与最低温差近50℃,有时日温差接近20℃,夏季日照时间长,而且太阳辐射强度大,通常水平屋面外表面的空气综合温度达到60～80℃,顶层室内温度比其下层室内温度要高出2～4℃。

5.1 概　　述

5.1.1 屋面工程节能的作用及意义

屋顶作为一种建筑物外围护结构所造成的室内外温差传热耗热量,大于任何一面外墙或地面的耗热量。提高屋面的保温隔热性能,对提高抵抗夏季室外热作用的能力尤其重要,这也是减少空调耗能,改善室内热环境的一个重要措施。据调查,在多层建筑围护结构中,屋顶所占面积虽然较小,但能耗却可占到总能耗的15%,如图5.1所示。测算表明,室内温度每降低1℃,空调减少能耗10%,而人体的舒适性会大大提高。因此,加强屋顶保温节能对建筑造价影响不大,节能效益却很明显。

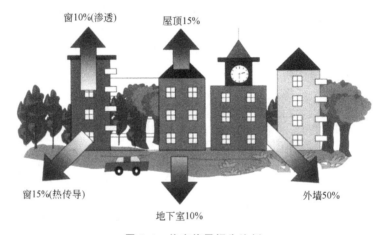

图 5.1　住宅能量损失比例

5.1.2 屋面工程节能类型

屋面工程节能,按照屋面类型可分为坡屋面和平屋面节能屋面,按选用节能材料、构造、工序流程的不同,可分为型材保温节能工程、现浇保温节能工程、喷涂保温节能工程、架空隔热工程、植被隔热层工程、蓄水隔热工程等,因而,屋面节能的类型较多,且各具优点和不足。

1. 坡屋面工程节能(屋面坡度为25%～50%)

1) 木结构小青瓦坡屋面

这类屋面通过架空层提高层高,透气性能改善,夏季酷暑能隔热,冬季严寒能保暖,春秋季节,促进空气对流,居住宜人,基本不使用降温保暖的辅助设备。但此类屋面使用的是木结构和粘土小青瓦，耗费大量的森林资源和土地资源，无法满足节地、节材、节水、节能的要求。且其节能效果差，维修频率高，抗渗、抗强风性能弱。木结构小青瓦屋面，随着时间的推移、人类的发展、科技的进步，除了少数标志性的具有历史保存价值的建筑外，从 20 世纪 70 年代开始，已自觉或不自觉地被淘汰。

2）钢筋混凝土坡屋面

这类屋面是从建筑材料入手，改进木结构小青瓦坡屋面而成。适用于全国热工分区的各个地区，保温隔热效果优于木结构小青瓦坡屋面。通过对木结构小青瓦坡屋面建筑用材的改进，极大地节约了森林资源、土地资源，提高了能源的利用效率，达到了真正意义上的节地、节材、节水、节能的要求。但是，此种坡屋面存在以下不足：① 使用功能比较单一，屋面功能无法最大限度的利用；② 结构相对于木结构小青瓦坡屋面复杂，特别是细部节点构造更复杂；③ 由于屋面坡度较大，现浇钢筋混凝土结构难度较大，如果混凝土振捣不密实，防水性能差，很难满足施工质量标准、规范的要求，达不到设计的预期效果；④ 由于混凝土与砌体的热膨胀系数和弹性模量不同，在室外温差反复不定的变化下，大面积混凝土自身内力和变形较大，将产生较大的水平拉力、剪力，致使砌体工程和混凝土屋面板容易开裂；⑤ 由于屋面坡度较大，对装饰用的混凝土波瓦、筒瓦和陶瓷琉璃瓦，很难牢靠固定，容易顺坡下滑，造成使用安全功能障碍。

3）轻钢坡屋面

因基本与聚苯板节能平屋面相似，此节不予叙述。

2. 平屋面工程节能（屋面坡度为 2%～5%）

早期现浇的钢筋混凝土平屋面，由于混凝土屋面较薄（只有 100～120mm 厚），材料的热阻和热导率均较差，混凝土屋面的传热较快，散热较慢，保温隔热性能不明显。为改变恶劣的居住环境，人们便尽其所能地添置降温保暖设施，能源的耗费极大。随着时代的推移和科技的发展，人类对屋面的保温隔热问题，从感性探索到理性总结，自觉或不自觉地开始思索、实践，探讨屋面节能的最佳类型。

1）架空隔热层屋面

就是在平屋面的刚性或柔性防水层上增设一层高约 400mm 以上的架空层，架空层屋面盖板一般选用 40mm 厚的钢筋混凝土平板或玻纤石棉瓦。这类屋面架空隔热层，主要以空气为介质：① 由于架空高度仅有 400～500mm，平屋面临边又是高约 1100mm 的女儿墙，必然对空气的对流产生极大的不利影响；② 由于钢筋混凝土盖板或石棉瓦较薄（40mm 或 15mm 厚），阻热小，传热快，散热受阻，对屋面的保温隔热效果不明显。但是架空隔热层屋面，因施工简单，能利用建筑弃材，造价低廉，且科学技术含量低，人类居住理念讲究封闭，在 20 世纪 70 年代末至 80 年代初，仍然比较流行。

2）蓄水屋面

就是在平屋面的防水层上增设一个较大的蓄水池，常年蓄水高度一般为 200～400mm（随季节的变化有所增减）。这类蓄水屋面，在夏天酷暑季节，由于水介质的作用，增加屋面热阻，致使传热速度减慢，可有效地降低顶层室内温度，减少或停止空调制冷的运行几率，达到夏季节约能源的目的。但是，将屋面建成蓄水屋面，必然增加屋面的防水设防，加大防水投入，因此，蓄水屋面的使用功能比较单一，通过以上的分析对比，选用蓄水屋面节能，效果比较差，只有局部夏热冬暖地区的少数房屋选用。

3）保温隔热层屋面

就是在屋面柔性（或刚性）防水层与屋面面层之间，或者防水层以上（倒置法），增设一道高约300mm厚的保温隔热层。因选用的保温隔热材料不同，节能效果也必然不同。

（1）炉渣保温隔热层。

利用工厂废料——炉渣作介质，制作屋面保温隔热层。这种节能屋面，其优点是能就地取材、取材方便、废料新用、保护环境、造价低廉，从20世纪90年代至今，仍被多数房屋建筑工程选用。但是炉渣保温隔热，其密度较小，热阻性能差，其材料的热导率较大，必然导致保温隔热层的传热速度较快，节能效果不理想。且在昼夜反复不断的温差变化下，水与汽之间也在不断变化，如屋面排汽设施不当或破坏，极易造成屋面的渗漏。尽管多数房屋建筑工程的屋面选用炉渣作保温隔热层，但它并不是理想的屋面节能类型。

（2）珍珠岩（蛭石）保温隔热层。

此种节能屋面与炉渣保温隔热层屋面相比，其保温隔热和节能效果基本相同，只是造价略高，不能就地取材，因此，选用珍珠岩（蛭石）作保温隔热层的房屋建筑工程不多。

（3）聚苯颗粒砂浆保温隔热层。

这种屋面比较薄，一般控制在50mm的厚度，该材料容重小，比较轻。聚苯颗粒的热阻较大，材料的热导率较小，屋面的传热速度变慢，因而保温隔热效果比较理想。聚苯颗粒砂浆保温隔热层屋面，须增设屋面排汽设施，抗压强度低。

（4）模（挤）塑聚苯乙烯泡沫板（EPS、XPS）（简称聚苯板）保温隔热层屋面。

由于聚苯板的热阻较大，热导率较小，抗压强度高，力学、化学性能稳定，防火性能和抗老化性能较好，能满足夏季隔热、冬季保温的要求，可以有效地降低制冷保暖设施的运行几率，达到节能的目的。加之聚苯板保温隔热层较薄（仅在50mm内）且轻，施工也较方便，是屋面节能的理想材料。

（5）喷涂硬质聚氨酯泡沫塑料保温隔热屋面。

以含有羟基的聚醚树脂与异氰酸酯反应生产的聚氨基甲酸酯为主体，以异氰酸酯与水反应生成的二氧化碳为发泡剂制成的泡沫塑料，直接喷涂在屋面找平层上作为保温防水层。目前，在国外聚氨酯硬泡的应用主要为板材和喷涂施工，现场喷涂聚氨酯硬泡适用于混凝土、金属、塑料、沥青等多种基层，国外应用已很普遍，其中用于屋面保温的历史也已达30年以上；聚氨酯硬泡夹心板材已有30多年的应用历史，其表层一般为镀锌彩色压型钢板，质轻、强度高，保温隔声性能和耐候性好，集保温、防水、装饰于一体。

4）绿色（种植）屋面（图5.2）

以土壤和植被为介质，利用建筑屋面种植花草树木，改善生态环境，营造绿色空间，降低能耗，节约能源。用较少的能源取得相同，甚至更好的室内环境质量，提高人民群众的居住、生活质量。

绿色屋面节能，主要优点如下。

（1）绿色（种植）屋面。要同时满足园林绿化、人文景观、休闲娱乐等特殊要求，必然在防水层上增设一道厚约300～

图5.2　绿色（种植）屋面

500mm 的种植层(土壤),要满足花草树木的存活和生长,除要求种植层有一定的营养外,更主要的是湿润度。一层厚 300mm 以上的湿润的种植层,其湿土的热导率必然很小,热阻较大。种植层的传热系数就非常小。可有效地改善屋顶间的冷热环境,极大地提高了夏季隔热和冬季保暖效力,有效地改善了顶层室内、外的温差,提供室内宜人的温度。

(2)绿色屋面能使冬季室内温度升高,夏季室内温度降低,能有效地发挥保温隔热作用。从而减少或中止了采暖、空调的运行几率,有效控制了能源的消耗,从而达到节能的目的。

绿色屋面存在的不足是:屋面结构荷载增大;根须与施肥对防水层等有可能造成不利影响;防水层的维修有一定难度等。

【案例 5-1】

典型工程案例:国家科技部节能示范楼,国家科技部办公楼是一座突出节能特点的绿色、智能建筑。建筑方案通过 5 次国际专家论证,参考了北京当地的气象记录,施工前进行了 3 次电脑的整年动态能效模拟分析,针对建筑方案进行了优化。顶部的花园是整个建筑的一个亮点。松竹相映、四季常绿,70 余种乔灌草遍布在面积 810m^2 的屋顶上,为屋顶总面积的 70%。并且有 38m^2 的雨水池,可满足屋顶花园和周边绿地在夏秋季节的灌溉需求。此楼的投资并不高。总投资为 6740 万元,每平方米造价不到 5200 元。在节能减排上,节能楼运行后每年节约近 70 万元。

【案例评析】

节能示范楼的成功表明,一个节能、绿色、智能的建筑不仅可以通过适当投资来实现,而且后期费用也可以大幅度降低。

5.2 屋面型材保温工程

5.2.1 屋面型材保温层构造

板、块保温型材指采用水泥、沥青或其他有机胶结材料与松散保温材料按一定比例拌和、加工形成的板、块状制品,以及用化学合成聚酯、合成橡胶类材料或其他有机或无机保温材料加工制成的板块状制品。常用的有聚苯乙烯泡沫挤塑板、聚氨酯硬泡沫塑料板、水泥膨胀珍珠岩板(块)、水泥膨胀蛭石板(块)、沥青膨胀蛭石板(块)、沥青膨胀珍珠岩板(块)、预制加气混凝土板、水泥陶粒板、矿物板和岩棉板等。以聚苯乙烯泡沫挤塑板屋面为例,其构造如图 5.3 所示。

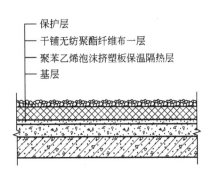

保护层
干铺无纺聚酯纤维布一层
聚苯乙烯泡沫挤塑板保温隔热层
基层

图 5.3 聚苯乙烯泡沫挤塑板屋面

5.2.2 屋面型材保温工程施工工艺

1. 材料性能要求

(1)保温层所用材料的品种、规格、技术性能和质量必须满足设计要求,并符合现行国家、行业相应材料规范和产品标准。

（2）设计未提出明确要求时，各种板状保温材料应符合表5-1中的质量要求。

表5-1 板状保温材料的质量要求

材料名称		表观密度 (kg/m³)	导热系数 [W/(m·K)]	抗压强度 (MPa)	在10%形变下的压缩应力(MPa)	70℃、48h后的尺寸变化率(%)	吸水率 (V/V%)
矿棉、岩棉半硬板		＜200	＜0.052	—	—	—	＜5
聚苯乙烯泡沫塑料	挤压	≥32	≤0.03	—	≥0.15	≤2.0	≤1.5
	模压	15～30	≤0.041	—	≥0.05	≤5.0	≤6
硬质聚氨酯泡沫塑料		≥30	≤0.027	—	≥0.15	≤5.0	≤3
泡沫玻璃		≥150	≤0.062	≥0.4	—	≤0.5	≤0.5
微孔混凝土类		500～700	≤0.22	≥0.4	—	—	—
膨胀蛭石(珍珠岩)制品		300～800	≤0.26	≥0.3	—	—	—

注：外观质量：板的外形基本平整，无严重凹凸不平；厚度允许偏差为5%，且不大于4mm。

（3）铺砌板块材料的砂浆、保温灰浆或沥青胶结材料和其他胶结材料，质量应符合设计要求和相关材料标准要求。

（4）板块状保温材料应有产品出厂合格证，满足设计要求的厚度，规格一致、外形整齐，表观密度、导热系数、强度符合设计要求。

2．施工机具

（1）板锯、铁皮抹子、小压子、胶皮锤、木杠、铁铲、灰桶，以及不同粘贴材料的搅拌设备等。

（2）采用沥青质胶结材料时应准备相应的熬制设备或调制器具、砂箱、泡沫灭火器等一般消防灭火设备，以及常用操作安全防护用品。

3．作业条件

（1）基层已通过检查验收，质量符合设计和规范规定。

（2）粘结铺设或干铺方式时基层宜找平，并应清扫干净。用水泥砂浆或混合砂浆铺砌时基层表面应湿润，用沥青和其他胶结材料粘结铺设或干铺时应干燥。

（3）施工所需的各种材料已按计划进入现场，并经验收。

（4）基层已按设计和施工方案找好坡度、分格等规矩，并已弹出准线和做好标准。

（5）基层变形缝和其他接缝已按设计要求处理完毕。

（6）禁止在雨天、雪天和五级风及五级风以上的环境中施工作业。干铺板块状保温材料保温层可在负温度下施工；板块状保温材料用热沥青粘贴时不宜在低于-10℃的气温条件下作业；用水泥砂浆或用水泥胶结的保温灰浆铺砌板块状保温材料时不宜在低于5℃的环境气温下施工，除非有可靠的冬季施工措施。

4．施工工艺

板、块状保温型材保温层施工工艺流程如下。

基层清理 → 抄平弹线 → 干铺或粘贴铺砌 → 分层铺设挤紧压实 →

接缝嵌填 → 保护遮盖 → 检查验收

5. 操作要点

（1）处理好基层接缝、变形缝等，清扫干净基层表面，坐浆铺砌应湿润基层，干铺或粘贴铺砌应找平并干燥基层。

（2）在平整、干燥、洁净的基层面分线并做好记号。

（3）干铺时按分线位置逐一放平垫稳保温板、块，接缝挤紧或用同类材料碎屑或者矿（岩）棉填嵌满。

（4）坐浆铺砌时应边摊铺灰浆边粘贴保温板块，周边端缝用保温灰浆填实勾缝。铺砌中随时用木杠控制和找平顶面。

（5）用热（冷）沥青胶结材料或其他有机胶结材料粘贴铺砌，应将板状材料的四周及与基层粘贴的底面均满刮或满涂胶结材料，按分线位逐一粘贴牢固。基层面宜先涂刷冷底子油或其他与胶结材料匹配的基层处理剂，以保证与基层之间的可靠粘结。

（6）破碎不齐的板状保温材料可锯平拼接使用，小的棱角缺损，贴靠不紧的接缝用同类材料粘贴补齐或嵌填密实。

（7）设计有要求的、坡度过大的屋面，铺贴板状保温材料应有固定措施。

（8）节点处理。

① 檐沟、女儿墙保温做法：檐沟、女儿墙泛水部位宜连续保温，女儿墙外墙面保温做法同外墙，内侧应设置保温层，如图5.4～图5.7所示。

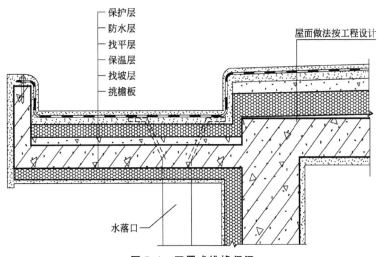

图5.4 正置式挑檐保温

② 变形缝保温做法：保温层宜连续保温到变形缝顶部。变形缝内宜填充泡沫塑料，上部填放衬垫材料，并用卷材封盖。顶部应加扣混凝土盖板或金属盖板，如图5.8所示。

③ 水落口保温做法：水落口埋设标高应考虑水落口设保温层时增加的厚度及排水坡度加大的尺寸。水落口周围直径500mm范围内的坡度不应小于5%；水落口与基层接触处应留宽20mm、深20mm凹槽，嵌填密封材料。保温层距水落口500mm的范围内应逐渐均匀减薄，最薄处厚度不应小于15mm，如图5.9和图5.10所示。

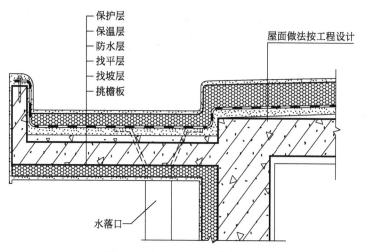

保护层
保温层
防水层
找平层
找坡层
挑檐板

屋面做法按工程设计

水落口

图 5.5　倒置式屋面挑檐保温

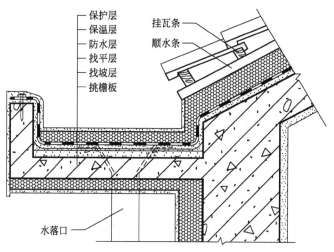

保护层
保温层
防水层
找平层
找坡层
挑檐板

挂瓦条
顺水条

水落口

图 5.6　坡屋面檐沟保温

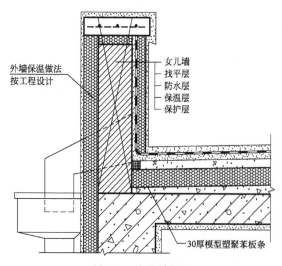

外墙保温做法
按工程设计

女儿墙
找平层
防水层
保温层
保护层

30厚模型塑聚苯板条

图 5.7　女儿墙保温

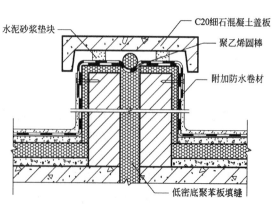

水泥砂浆垫块

C20细石混凝土盖板

聚乙烯圆棒

附加防水卷材

低密底聚苯板填缝

图 5.8　屋面变形缝保温

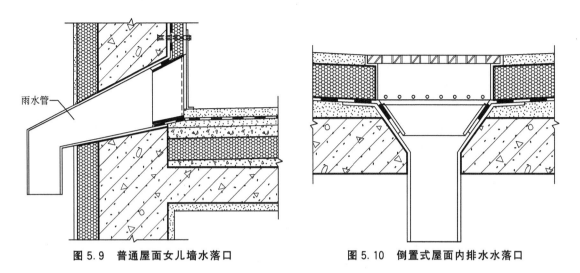

图 5.9 普通屋面女儿墙水落口   图 5.10 倒置式屋面内排水水落口

④ 伸出屋面管道保温做法：伸出屋面管道周围的找坡层应做成圆锥台。保温层应直接做至管道距屋面高度 250mm 处，防水材料收头处应采用金属盖板加箍箍紧，并用密封材料封严，如图 5.11 所示。

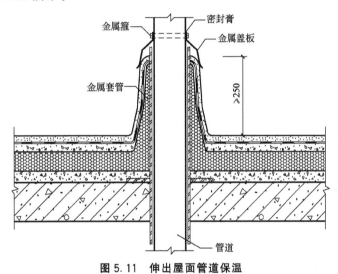

图 5.11 伸出屋面管道保温

5.2.3 屋面型材保温工程质量标准与验收

1. 主控项目

（1）板状保温材料的表观密度、导热系数、强度、吸水率，必须符合设计要求。

检验方法：检查出厂合格证、质量检验报告和现场抽样复验报告。

（2）保温层封闭前的含水率必须符合设计要求。

检验方法：检查现场抽样检验报告。

2. 一般项目

（1）板状保温材料铺设应符合：铺平垫稳，拼缝密合，找坡正确，与基层贴合紧密、粘结牢固，压实适当、无翘曲。

表面不平整度：用 2m 长靠尺和楔形塞尺检查，尺和表面空隙不应大于 5mm，且空隙变化要平缓。

检验方法：观察检查，检查现场抽样检验报告。

（2）保温层厚度应符合设计要求。整体现浇保温层铺设厚度的允许偏差为 +10%，−5%。

检验方法：用钢针插入和尺量检查。

（3）倒置式屋面的保护层采用卵石铺压时，卵石应分布均匀，卵石的质（重）量应符合设计要求。

检验方法：观察检查和按堆积密度计算其质（重）量。

3. 质量记录

本工艺标准具备以下质量记录。

（1）材质及试验资料。

（2）保温隔热材料应有产品合格证和性能检测报告。

（3）屋面保温层分项工程检验批质量验收记录。

5.3　屋面现浇保温层工程

5.3.1　屋面现浇保温层构造

整体现浇保温层是采用松散保温材料膨胀蛭石和膨胀珍珠岩，用水泥作胶结材料，按设计要求配合比拌制、浇筑，经固化而形成的保温层。

现浇水泥膨胀蛭石及水泥膨胀珍珠岩不宜用于整体封闭式保温层，需要采用时应做排汽道。排汽道应纵横贯通，并应通过排汽孔与大气连通，排汽孔应做好防水处理。

应根据基层的潮湿程度和屋面构造确定留置排汽孔，其数量宜按屋面面积每 36m² 设置一个。如图 5.12、图 5.13 所示分别为屋面现浇保温层构造及施工。

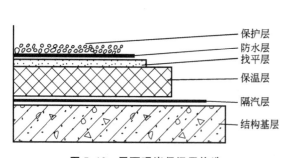

图 5.12　屋面现浇保温层构造

图 5.13　屋面现浇保温层施工

5.3.2　屋面现浇保温层工程施工工艺

1. 施工准备

1）原材料要求

（1）应选择表观密度和导热系数小、吸水率低的散状保温材料，使用的膨胀蛭石和膨胀珍珠岩，质量应满足表 5-2 中的要求。

表 5-2　松散保温材料质量要求

项　　目	膨胀蛭石	膨胀珍珠岩
粒径(mm)	3～15	≥0.15，＜0.15 的含量不大于 8％
堆积密度(kg/m³)	≤300	≤120
导热系数［W/(m·K)］	≤0.14	≤0.07

（2）水泥的强度等级不低于 32.5 级，不同品种和不同强度等级的水泥严禁混用。

（3）搅拌用水应采用可饮用水。

2）主要机具

桨叶型搅拌机、计量桶、运输小车、铁铲(锹)、灰桶、木拍子、刮尺、铁抹子、木抹子、筛子等。

3）作业条件

（1）基层表面应平整、牢固、干燥(含水率小于 9％)、无油污，并清扫干净。若找平层设排汽管，则排汽管的安装固定应在聚氨酯保温防水层施工前进行完毕。基层与凸出屋面结构的连接处及基层的转角处均应做成 100～150mm 的圆弧或钝角，有组织排水的水落口周围应做成略低的凹坑。

（2）施工所需的各种材料已按计划进入现场，并经验收。施工面上水通、电通。

（3）现浇拌和材料配合比已经确认，基层已按设计和施工方案找好坡度、分格等规矩，并以弹出准线和做好标准。

（4）基层变形缝和其他接缝已按设计要求处理完毕。

（5）禁止在雨天、雪天和五级及五级以上大风天环境中施工作业。

（6）当环境温度在 5℃以下时，施工作业和养护期间必须采取并落实可靠的专项施工技术措施。

2. 施工工艺

整体现浇保温层的施工工艺流程如下。

基层清扫 → 分块隔断 → 做标准块 → 摊铺压实 → 找平 → 养护 → 排汽处理

3. 操作要点

（1）清扫基层并预先湿润，支设、固定分格边模，做好控制标准块。

（2）参照标准块将拌和好的材料摊铺开，并用木拍板拍实、尺杠初步刮平、木楔收整到设计厚度；兼作找坡的整体现浇保温层还必须达到屋面规定的坡度要求。

（3）拍实压平的分格内宜随即完成找平层施工，未随即铺抹找平层砂浆的分格宜使用薄膜遮盖养护。

（4）机械搅拌水泥膨胀蛭石(珍珠岩)，会使保温材料颗粒破损过多，宜采用人工拌和，最好在铺设位置随拌随铺；人工拌和应先将水泥调制成水泥浆、再将水泥浆均匀泼洒在料堆上，边泼边拌、混合均匀；通常目视拌和料色泽均匀、用手紧捏已拌和好的材料能成团不松散、指缝间有水泥浆珠滴下，来检查判断材料拌和质量和施工加水量的适宜度。

(5) 水泥膨胀蛭石(珍珠岩)虚铺厚度一般为设计厚度的 130%，同时每层不宜大于 150mm，摊铺后用木拍拍打或压辊滚压密实，通常压缩率控制在 1.3。

(6) 节点处理。整体现浇保温层屋面排汽出口和排汽道的防水节点构造处理参见图 5.14 和图 5.15。

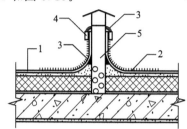 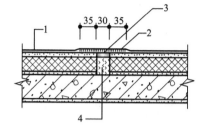

图 5.14 排汽出口防水构造

1—卷材或涂膜防水层；2—防水附加层；

3—密封材料；4—金属箍；5—排汽管

图 5.15 排汽道防水构造

1—卷材或涂膜防水层；2—干铺卷材条；

3—排汽道 20×30；4—松填粗粒保温材料

5.3.3 屋面现浇保温层工程质量标准与验收

1．主控项目

(1) 保温材料的堆积密度或表观密度、导热系数，必须符合设计要求。

检验方法：检查出厂合格证、质量检验报告和现场抽样复验报告。

(2) 保温层封闭前的含水率必须符合设计要求。

检验方法：检查现场抽样检验报告。

2．一般项目

(1) 整体现浇保温层铺设应做到：材料拌和均匀，铺设、压实确当，表面平整，找坡正确，强度达到设计要求。有找平层的整体保温层表面不平整度，用 2m 长靠尺检查，尺和表面间隙不应大于 7mm，且空隙变化要平缓。

检验方法：观察检查，检查现场抽样检验报告。

(2) 保温层厚度应符合设计要求，整体现浇保温层铺设厚度的允许偏差为 +10%，-5%。

检验方法：用钢针插入和尺量检查。

3．质量记录

本工艺标准具备以下质量记录。

(1) 材质及试验资料。

(2) 保温隔热材料应有产品合格证和性能检测报告。

(3) 屋面保温层分项工程检验批质量验收记录。

5.4 屋面喷涂保温层工程

5.4.1 喷涂保温层屋面构造

本工艺主要适用于钢筋混凝土平屋面、坡屋面保温层施工。喷涂保温层材料最常用的是硬质聚氨酯泡沫塑料，其构造分别如图 5.16 和图 5.17 所示。

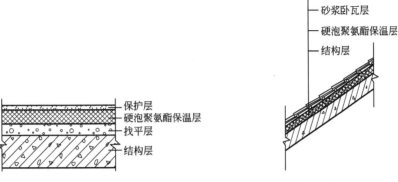

图 5.16　喷涂聚氨酯保温层平屋面构造　　　　图 5.17　喷涂聚氨酯保温层坡屋面构造

5.4.2　屋面喷涂保温层工程施工工艺

1. 材料性能要求

（1）硬质聚氨酯泡沫塑料性能要求见表 5-3。

表 5-3　硬质聚氨酯泡沫塑料性能要求

检验项目	性能要求	测试标准
表观密度（kg/m³）	≥35	GB/T 6343
热导率［W/(m·K)］	≤0.03	GB 10294
压缩性能（形变 10%）(MPa)	≥0.25	GB 8813
抗拉强度（MPa）	≥0.3	GB/T 9641
-30～70℃，48h 后尺寸变化率（%）	≤3.0	GB/T 8811
闭孔率（%）	≥95	GB/T 10799
吸水率（%）	≤2.0	GB/T 5486
燃烧性能	阻燃型	GB/T 10801.1

（2）耐碱网布性能要求见表 5-4。

表 5-4　耐碱网布性能要求

实验项目	性能指标	实验项目	性能指标
单位面积质量（g/m²）	≥130	耐碱断裂强度保留率(经、纬向)（%）	≥50
耐碱断裂强度（经、纬向）(N/50mm)	≥900	断裂应变（经、纬向）（%）	≤5.0

（3）聚氨酯防潮底漆、聚氨酯界面砂浆、抗裂砂浆的性能指标应符合设计要求和现行国家行业标准的规定，并有出厂合格证。

（4）水泥：采用强度等级不小于 42.5 级的硅酸盐水泥、普通硅酸盐水泥或矿渣硅酸盐水泥。

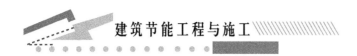

(5) 砂：采用中砂，含泥量不大于 2%。

2. 施工机具

(1) 机具：空压机、聚氨酯喷涂机、砂浆搅拌机、垂直运输机械、手推车等。

(2) 工具：水平仪、水平尺、方尺、量针、钢直尺、平锹、钢抹子、大杠尺、筛子、手锯、钢丝刷、手提式搅拌器、水桶、剪刀、滚刷、锤子等。

3. 作业条件

(1) 建筑屋面的结构层为混凝土时，应设找坡层或找平层。找坡层或找平层应坚实、平整、干燥(含水率应小于 8%)，表面不应有浮灰和油污。

(2) 平屋面的排水坡度不应小于 2%，天沟、檐沟的纵向排水坡度不应小于 1%。

(3) 屋面与山墙、女儿墙、天沟、檐沟以及突出屋面结构的连接处应为圆弧形。

(4) 屋面上的设备、管线等应在聚氨酯硬泡体防水保温层喷涂施工前安装就位，管根部位，应用细石混凝土填塞密实。

4. 施工工艺

喷涂硬质聚氨酯泡沫塑料屋面保温层施工工艺流程如下。

基层清理 → 满刷聚氨酯防潮底漆 → 喷涂硬质聚氨酯泡沫塑料 → 喷涂聚氨酯界面砂浆 → 抹抗裂砂浆、铺耐碱网布 → 验收

5. 操作要点

1) 基层清理

先用打磨机将突出屋面基层的多余混凝土或砂浆结块清除，再用钢丝刷和清水清除基层表面的浮浆、返碱、尘土、油污以及表面涂层等杂物，并使光滑的混凝土表面变成粗糙面，然后用清水冲洗至中性。

坡屋面基层预埋锚固钢筋缺少处，应进行补埋(预埋锚固钢筋直径应不小于 6mm，外露长度不应穿出保温层)。

平屋面设计填充材料和坡度应进行找坡层施工，找坡层表面用 1:3 水泥砂浆找平(厚度 20mm)。

2) 满刷聚氨酯防潮底漆

待基层含水率小于 8% 后，用滚刷将聚氨酯底漆均匀地涂刷于基层表面。涂刷两遍，时间间隔为 2h，以第一遍表干为标准。阴雨天、大风天不得施工。

3) 喷涂硬质聚氨酯泡沫塑料

(1) 做好相邻部位防污染遮挡后，开启喷涂机将硬质聚氨酯泡沫塑料均匀地喷涂于屋面之上，喷涂次序应从屋面边缘向中心方向喷涂，待聚氨酯发起泡后，沿发泡边沿喷涂施工。

(2) 第一遍喷涂厚度宜控制在 10mm 左右。喷涂第一遍之后在喷涂保温层上插标准厚度标杆(间距 300～400mm)，然后继续喷涂施工，喷涂可多遍完成，每遍喷涂厚度宜控制在 20mm 以内，控制喷涂厚度至刚好覆盖标准厚度标杆为止。

(3) 喷施聚氨酯保温材料时要注意防风，风速超过 5m/s 时应停止施工。

(4) 喷涂过程中要严格控制保温层的平整度和厚度，对于保温层厚度超出 5mm 的部

分，可用手锯将过厚处修平。

（5）硬质聚氨酯泡沫塑料保温层喷涂施工完成后，应按要求检查保温层厚度。

4）喷涂聚氨酯界面砂浆

硬质聚氨酯泡沫塑料保温层喷涂4h后，可用滚刷将聚氨酯界面砂浆均匀地涂于保温基层上，也可以使用喷斗喷涂施工。

5）抹抗裂砂浆、铺耐碱网布

硬质聚氯氨酯泡沫塑料保温层施工完成3～7d后，即可进行抗裂砂浆层施工。

先在保温层上抹2mm厚抗裂砂浆，待抗裂砂浆初凝后，分段铺挂耐碱网布，然后在底层抗裂砂浆终凝前再抹一道抗裂砂浆罩面，厚度为2～3mm。耐碱网布之间的搭接宽度不应小于50mm，先压入一侧，再压入另一侧，严禁干搭。耐碱网布应含在抗裂砂浆中，铺贴要平整，无褶皱，可隐约见网格，抗裂砂浆饱满度应达到100%，局部不饱满处应随即补抹抗裂砂浆找平并压实。

6）防水层施工

根据设计要求和相关施工工艺进行。

7）饰面层施工

根据设计要求和相关施工工艺进行。

8）节点处理

（1）山墙、女儿墙。

屋面与山墙、女儿墙间的聚氨酯硬泡体防水保温层应直接连续地喷涂至泛水高度，最低泛水高度不应小于250mm，如图5.18所示。

（2）檐沟。

聚氨酯硬泡体防水保温层在天沟、檐沟的连接处应连续地直接喷涂，如图5.19所示。

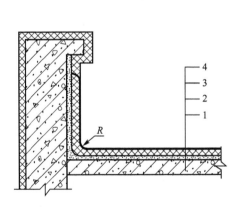

图5.18   山墙、女儿墙的泛水收头

1—结构层；2—找平层或找坡层；
3—聚氨酯硬泡体喷涂层；4—防护层

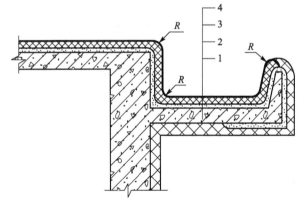

图5.19   檐沟

1—结构层；2—找平层或找坡层；
3—聚氨酯硬泡体喷涂层；4—防护层

（3）无组织排水檐口。

无组织排水檐口聚氨酯硬泡体防水保温层收头应连续地喷涂到檐口平面端部，喷涂厚度应逐步连续均匀地减薄至不小于15mm为止，如图5.20所示。

（4）伸出屋面管道。

伸出屋面的管道或通气管应根据泛水高度要求连续地直接喷涂，如图 5.21 所示。

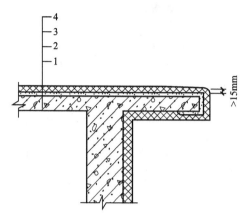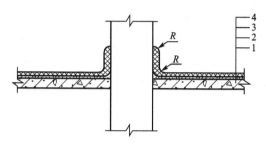

图 5.20　无组织排水檐口　　　　　　图 5.21　伸出屋面管道

1—结构层；2—找平层或找坡层；　　　1—结构层；2—找平层或找坡层；

3—聚氨酯硬泡体喷涂层；4—防护层　　3—聚氨酯硬泡体喷涂层；4—防护层

（5）出入口。

出入口聚氨酯硬泡体防水保温层收头应连续地直接喷涂至帽口，如图 5.22 所示。

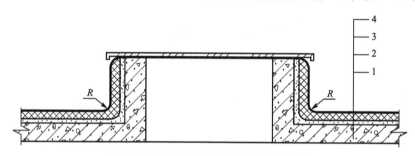

图 5.22　垂直出入口防水保温层的构造

1—结构层；2—找平层或找坡层；3—聚氨酯硬泡体喷涂层；4—防护层

（6）水落口。

水落口防水保温层收头构造应符合下列规定。

① 落口杯宜采用塑料制品或铸造铁。

② 直式水落口直径 500mm 范围内的坡度不应小于 5％，如图 5.23 所示。

③ 横式水落口在山墙或女儿墙上应根据泛水高度要求，聚氨酯硬泡体防水保温层应连续地直接喷涂至水落口内，如图 5.24 所示。

（7）水平伸缩缝。

水平伸缩缝防水保温层的施工方法：在伸缩缝内应填充塑料棒，并用密封膏密封，然后连续地直接喷涂至帽口，如图 5.25 所示。

（8）高低跨变形缝。

屋面与山墙间变形缝的施工方法：聚氨酯硬泡体防水保温层应连续地直接喷涂至泛水高度。然后在变形缝内填充塑料棒并用密封膏密封，再在山墙上用螺钉固定能自由伸缩的钢板，如图 5.26 所示。

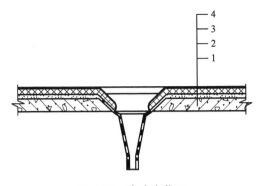

图 5.23　直式水落口

1—结构层；2—找平层或找坡层；
3—聚氨酯硬泡体喷涂层；4—防护层

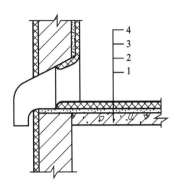

图 5.24　横式水落口

1—结构层；2—找平层或找坡层；
3—聚氨酯硬泡体喷涂层；4—防护层

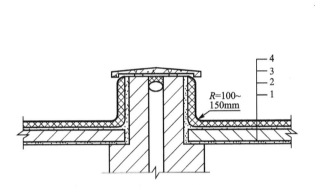

图 5.25　水平伸缩缝

1—结构层；2—找平层或找坡层；
3—聚氨酯硬泡体喷涂层；4—防护层

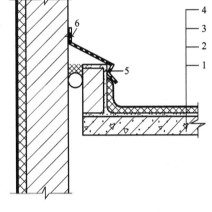

图 5.26　高低跨变形缝

1—结构层；2—找平层或找坡层；
3—聚氨酯硬泡体喷涂层；4—防
护层；5—金属盖板；6—螺钉

5.4.3　屋面喷涂保温层工程质量标准与验收

1. 主控项目

（1）材料进场时，应该向监理提供产品质量证明文件，检查材料的品种、规格等是否符合现行国家产品标准和设计要求，经监理审核合格后方可进场使用。

（2）聚氨酯硬泡体的厚度、密度、热导率以及强度、吸水率必须符合现行国家产品标准和设计要求。

（3）聚氨酯硬泡体防水保温层应按配比准确计量，发泡厚度均匀一致，厚度的允许偏差：−5%～10%。

2. 一般项目

（1）聚氨酯硬泡体防水保温层不该有渗漏、起鼓、断裂等现象，表面应该平整，最大喷涂波纹应小于5mm。

（2）平屋面、天沟、檐沟等处的表面排水坡度应符合设计要求。

（3）屋面与山墙、女儿墙、天沟、檐沟以及突出屋面结构连接处的连接方式与结构形式应该符合设计要求。

（4）聚氨酯硬泡体防水保温层不应有起鼓、断裂现象，表面应平整。

3．质量记录

本工艺标准具备以下质量记录。

（1）材质及试验资料。

（2）保温隔热材料应有产品合格证和性能检测报告。

（3）屋面保温层分项工程检验批质量验收记录。

5.5 屋面架空隔热工程

5.5.1 屋面架空隔热层构造

屋面架空隔热层构造如图5.27～图5.30所示。

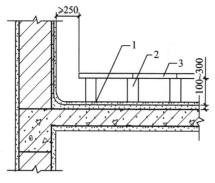

图 5.27 砖砌支墩大阶砖或混
凝土预制薄板架空层
1—防水层；2—支柱；3—架空板

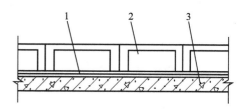

图 5.28 混凝土板凳架空层
1—防水层；2—混凝土板凳；3—结构层

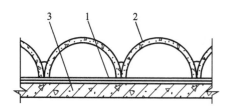

图 5.29 混凝土半圆拱架空层
1—防水层；2—混凝土半圆拱；
3—结构层

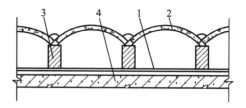

图 5.30 水泥大瓦架空层
1—防水层；2—水泥大瓦；
3—砖墩；4—结构层

5.5.2　屋面架空隔热工程施工工艺

1. 材料性能要求

（1）烧结砖：宜采用烧结空心砖，砖的品种、强度等级必须符合设计要求，并应有出厂合格证及复验单。

（2）水泥：宜采用强度等级为 32.5 级的普通硅酸盐水泥或矿渣硅酸盐水泥，并应有出厂合格证及复验报告。

（3）砂：宜用中砂，并通过 5mm 筛孔。配制 M5（含 M5）以上的砂浆，砂的含泥量不应超过 2%；配制 M5 以下的砂浆，砂的含泥量不应超过 3%，且不得含有草根等杂物。

（4）掺和料：有石灰膏、磨细生石灰粉、电石膏和粉煤灰等，石灰膏的熟化时间不应少于 7d，严禁使用冻结或脱水硬化的石灰膏。

（5）外加剂：多使用微沫剂或各种不同品种的有机塑化剂，其掺量、稀释办法、拌和要求和使用范围应严格按有关技术规定执行，并由实验室试配确定。

（6）水：应用自来水或不含有害物质的洁净水。

2. 施工机具

（1）机具砂浆搅拌机、垂直提升设备、手推车等。

（2）工具水平仪、水平尺、平锹、钢抹子、瓦刀、筛子、钢丝刷、笤帚等。

3. 作业条件

（1）屋面防水层（防水保护层）施工完成，已办理验收手续和隐蔽记录。

（2）穿过屋面的各种管件根部及屋面构筑物、伸缩缝、天沟等根部均已按设计要求施工完毕。

（3）屋面杂物已清理干净。

（4）砌筑砂浆配合比已经确认。

（5）施工机具已备齐，水、电已接通。

（6）气温不低于 5℃。

4. 施工工艺

基层清理 → 弹线分格 → 分格缝设置 → 砖墩砌筑 → 隔热板坐砌 → 养护 → 板面勾缝 → 勾缝养护 → 验收

5. 操作要点

1）基层清理

屋面防水层（防水保护层）验收合格后，将屋面余料、杂物清理干净，并清扫表面灰尘。

2）弹线分格

按设计及有关标准要求进行隔热板平面布置的分格弹线，注意进风口设于炎热季节最大频率风向的正压区，出风口设在负压区。

3）分格缝设置

按设计要求设置分格缝，若设计无要求，可依照防水保护层的分格间距留设，或以分格缝不大于8m为原则进行分格。

4）砖墩砌筑

按砌体施工工艺要求施工，要求灰缝饱满，平滑，并及时清理落地灰和砖渣。如基层为软质基层（如涂膜、卷材等）时，必须对砖墩或板脚处进行防水加强处理，一般用与防水层相同的材料加做一层。砖墩处以突出砖墩周边150～200mm为宜；板脚处以不小于150mm×150mm的方形为宜。

5）隔热板坐砌

要求拉线定位、坐浆饱满，确保板缝的顺直、板面的坡度和平整。施工中注意随砌随清理落地灰和砖渣。

6）养护

隔热板坐砌后，应进行1～2d的湿润养护，待砂浆强度达1MPa以后，方可进行板面勾缝。

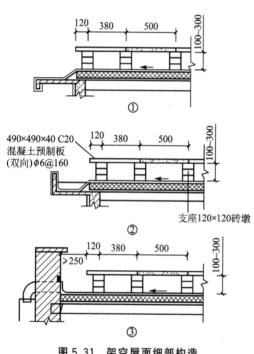

图 5.31 架空屋面细部构造

7）板面勾缝

板缝应先润湿、阴干，然后用1:2水泥砂浆勾缝。勾缝砂浆表面应反复压光，做到平滑顺直，余灰随勾随清扫干净。勾缝施工完毕后，应湿润养护1～2d，然后准备分项验收。

8）节点处理

架空屋面的架空隔热层高度宜为100～300mm；架空板与女儿墙的距离不宜小于250mm（图5.30）。架空隔热屋面做于柔性防水层上时，当防水层为高分子卷材或涂膜防水层时，应做20mm厚1:3水泥砂浆保护层，保护层做1000mm×1000mm见方半缝分格；当防水层为其他卷材时，可仅在支墩下做20mm厚1:3水泥砂浆坐浆。如图5.31所示为架空屋面细部构造。

9）以下施工部位应同步拍摄必要的图像资料

（1）基层。

（2）支座砌筑方式。

（3）板缝隙填充质量。

5.5.3 屋面架空隔热工程质量标准与验收

1. 主控项目

架空隔热制品的质量必须符合设计要求，严禁有断裂和漏筋等缺陷。

检验方法：观察检查和检查构件合格证或试验报告。

2．一般项目

（1）架空隔热制品的铺设应平整、稳固，缝隙勾填应密实；架空隔热制品距山墙或女儿墙不得小于 250mm，架空层中不得堵塞，架空高度及变形缝做法应符合设计要求。

检验方法：观察和尺量检查。

（2）相邻两块制品的高低差不得大于 3mm。

检验方法：用直尺和楔形塞尺检查。

3．质量记录

（1）材料的出厂质量证明文件及复试报告。

（2）架空屋面施工方案和技术交底记录。

（3）施工检验记录、隐蔽工程验收记录。

（4）架空屋面分项工程检验批质量验收记录。

5.6 屋面植被隔热工程

5.6.1 屋面植被隔热层构造

植被隔热节能屋面构造方式较多，常见的如图 5.32 和图 5.33 所示。

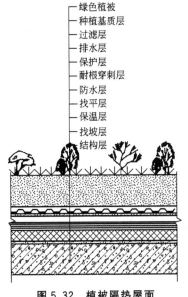

图 5.32 植被隔热屋面

图 5.33 植被隔热屋面构造

5.6.2 屋面植被隔热工程施工工艺

1．材料性能要求

（1）水泥：采用强度等级不小于 32.5 级的硅酸盐水泥、普通硅酸盐水泥或矿渣硅酸盐水泥。

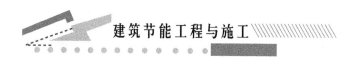

（2）砂：采用中砂或粗砂，含泥量不大于 2%。

（3）石子：碎石，粒径 5～15mm，含泥量不大于 1%，用于细石混凝土；卵石，粒径 10～40mm，含泥量不大于 1%，用于排水层。

（4）防水材料：符合设计要求和现行国家行业标准的规定，并有产品出厂合格证。

（5）种植介质：蛭石、木屑、种植土等，均应符合设计要求。

（6）聚酯纤维土工布：应符合设计要求和现行国家行业标准的规定。

（7）塑料排水板：应符合设计要求和现行国家行业标准的规定。

2．施工机具

（1）机具混凝土搅拌机、砂浆搅拌机、垂直提升设备、手推车等。

（2）工具水平仪、水平尺、平锹、钢抹子、大杠尺、筛子、钢丝刷、笤帚等。

3．施工条件

（1）屋面结构层和挡土墙施工完成，已办理验收手续和隐蔽工程记录。

（2）穿过屋面的各种管件根部及屋面构筑物、伸缩缝、天沟等根部均已按设计要求施工完毕。

（3）屋面标高和排水坡度的基准点和水平基准控制线已设置或标志。

（4）种植屋面所用材料已运到现场，经复检材料质量符合要求；（细石混凝土）配合比已经确认。

（5）施工机具已备齐，水、电已接通。

（6）气温不低于 5℃。

4．施工工艺

基层清理 → 铺设保温层 → 防水层施工 → 保护层施工 → 人行通道及挡墙施工 →

排水层施工 → 隔离过滤层施工 → 种植介质层铺设 → 植物层种植 → 验收

5．操作要点

1）基层清理

施工前，应将基层表面的泥土、杂物清理干净，不平整度超过 10mm 要用 1：2 水泥砂浆找平。穿过屋面的各种管道根部应固定牢固。

2）铺设保温层

保温层铺设前，凡伸出屋面的管道(包括通风道)、管井、设备、水落口杯等须安装到位，固定牢固，嵌填密实，并按设计做密封防水处理。现浇屋面板保温层采用保温板干铺做法，保温板紧靠屋面板表层铺平垫板不晃动。长边企口拼接，短边平接缝严密并用胶带纸粘贴成一体。

3）防水层施工

宜采用刚柔结合的防水方案，柔性防水层应是耐腐蚀、耐霉烂、耐穿刺好的涂料或卷材，最佳方案是涂膜防水层和卷材防水层复合，柔性防水层上必须设置细石混凝土保护层或细石混凝土防水层，以抵抗种植根系的穿刺和种植工具对它的损坏。

4）保护层施工

采用柔性防水层的种植屋面应设细石混凝土保护层，其厚度为 100mm，强度为 C15。

混凝土浇筑由一端向另一端进行，采用平板式振捣器振捣。混凝土振捣密实后，用大杠尺细致刮平表面，保证排水坡度符合设计要求，然后用抹子收面。

大面积浇筑混凝土时，应分区块进行。每块混凝土应一次连续浇筑完成，如有间歇，应按规定留置施工缝。变形缝按不大于 6m 的间距设置。

混凝土浇筑完后，应在 12h 内覆盖浇水养护，养护时间一般不少于 7d。待混凝土的抗压强度达到 1MPa 以后，方可进行上部施工。

5）人行通道及挡墙施工

挡墙墙身高度要比种植介质面高 100mm。距挡墙底部高 100mm 处按设计或标准图集留设泄水孔，如图 5.34 所示。采用预制槽型板作为分区挡墙和走道板，参照标准图集。

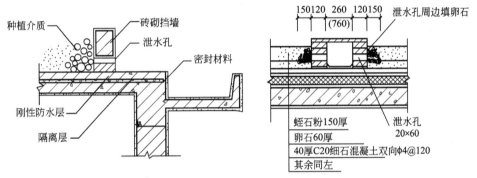

图 5.34　砖砌挡墙构造

6）排水层施工

塑料排水板按设计要求进行排放固定。挡土墙泄水孔处应先按设计要求设置钢丝挡水网片，然后在其周围放置卵石疏水骨料。

7）隔离过滤层施工

隔离过滤层是在种植介质和排水层之间铺设的一层聚酯纤维土工布（单位面积质量大于等于 250g/m²）。施工时，先在排水层上铺 50mm 厚的中砂，然后铺设聚酯纤维土工布，土工布压边大于等于 100mm，随铺随用种植介质土覆盖，并用大杠尺刮平表面。

8）种植介质层铺设

按设计要求的层次、厚度和压实系数进行装填，装填不得扰动隔离过滤层，并使种植介质层上表面基本平整且低于四周挡土墙 100mm。

9）植物层种植

按设计要求的植物种类，选合适的季节进行种植，并按规定进行养护。

10）以下施工部位应同步拍摄必要的图像资料

（1）基层。

（2）防水层及保护层施工方式。

（3）排水层、隔离过滤层施工方式。

（4）种植介质层施工方式。

5.6.3　屋面植被隔热工程质量标准与验收

1. 主控项目

（1）种植屋面挡墙泻水孔的留置必须符合设计要求，并不得堵塞。

检验方法：观察和尺量检查。

（2）种植屋面的防水层施工必须符合设计要求，不得有渗漏现象。并应进行蓄水试验，经检验合格后方能覆盖种植介质。

检验方法：蓄水至规定高度，24h后观察检查。

2．一般项目

（1）种植介质表面平整且比挡墙墙身应低100mm。

（2）严格按设计的要求控制种植介质的厚度，不能超厚。

3．质量记录

（1）屋面的防水材料、砂、石、水泥、烧结普通砖等材料的合格证、取样试验报告。

（2）屋面防水层施工质量验收记录。

（3）屋面防水层蓄水试验记录。

（4）屋面保护层混凝土施工记录和质量验收记录。

（5）屋面各项施工的技术交底、安全交底记录。

（6）植被屋面分项工程检验批质量验收记录。

5.7 屋面蓄水隔热工程

5.7.1 屋面蓄水隔热层构造

蓄水隔热节能屋面构造如图5.35所示。

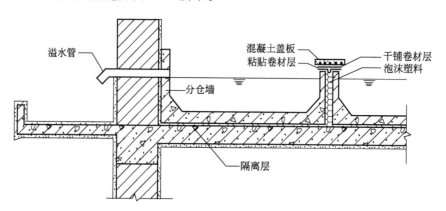

图5.35 蓄水隔热节能屋面构造

5.7.2 屋面蓄水隔热工程施工工艺

1．材料性能要求

（1）细石混凝土：强度等级不低于C20。

（2）水泥：应选用不低于42.5号的普通水泥。

（3）砂：中砂或粗砂，含泥量不大于2%。

（4）石子：粒径宜为5～15mm，含泥量不大于1%。

（5）水灰比：宜为 0.5～0.55。

2．施工机具

混凝土搅拌机、平板振动器、运输小车、铁管子、铁抹子、木抹子、直尺、坡度尺、锤子、剪刀、卷扬机、硬方木、圆钢管。

3．施工条件

（1）蓄水屋面的结构层施工已经完毕，其混凝土的强度、密实性均应符合现行规范的规定。

（2）所有设计孔洞已预留，所设置的给水管、排水管和溢水管等在防水层施工前安装完毕。

4．施工工艺

结构层、隔墙施工 → 板缝节点密封处理 → 水管安装 → 管口密封处理 →
基层处理 → 防水层施工 → 蓄水养护 → 验收

5．操作要点

1）板缝节点密封处理

屋面结构层为装配式钢筋混凝土面板时，其板缝应以强度等级不小于 C20 细石混凝土嵌填，细石混凝土中宜掺膨胀剂。接缝必须以优质密封材料嵌封严密，经充水试验无渗漏，然后再在其上施工找平层和防水层。

2）水管安装

屋面的所有孔洞应事先预留，不得后凿。所设置的给水管、排水管、溢水管等应在防水层施工前安装好，不得在防水层施工后再在其上凿孔打洞。防水层完工后，再将排水管与水落管连接，然后加防水处理。

3）基层处理

防水层施工前，必须将基层表面的突起物铲除，并将尘土杂物清扫干净，基层必须干燥。

4）防水层施工

（1）蓄水屋面宜采用刚柔结合的防水方案，柔性防水层应是耐腐蚀、耐霉烂、耐穿刺好的涂料或卷材，最佳方案是涂膜防水层和卷材防水层复合，然后再浇筑配筋细石混凝土，它既是刚性防水层又是柔性防水层。刚性防水层的分格缝和蓄水分区相结合，分格间距一般不大于 10m，以便于管理、清扫和维修，缩小蓄水面积，也可防止大风吹起浪花影响周围环境，细石混凝土的分格缝应填密封材料。

（2）蓄水屋面采用刚柔结合时，应先施工柔性防水层，再作隔离层，然后再浇筑配筋细石混凝土防水层。柔性防水施工完成后，应进行蓄水检验，无渗漏才能继续下一道工序的施工。柔性防水层与刚性防水层或刚性保护层间应设置隔离层。

（3）采用刚性防水层时，其施工方法可参照刚性防水屋面工程施工工艺。

（4）浇筑防水混凝土时，每个蓄水区必须一次浇筑完毕，严禁留置施工缝，其立面与平面的防水层必须同时进行。

（5）蓄水屋面的细石混凝土原材料和配比应符合刚性防水层的要求，宜掺加膨胀剂、减水剂和密实剂，以减少混凝土的收缩。蓄水屋面的分格缝不能过多，一般要放宽间距，分格间距不宜大于10m。

（6）应根据屋面的具体情况，对蓄水屋面的全部节点采取刚柔并举，多道设防的措施做好密封防水施工。在靠近墙面处，防水材料应向上铺涂，并应高出面层溢水口200～300mm，或按设计要求的高度铺涂。

（7）防水混凝土必须机械搅拌、机械振捣，随捣随抹，抹压时不得洒水、洒干水泥或加水泥浆。混凝土收水后应进行二次压光，及时养护，如放水养护应结合蓄水，不得再使之干涸。

（8）分仓缝填嵌密封材料后，上面应做砂浆保护层埋置保护。

5）蓄水养护

（1）防水层完工以及节点处理后，应进行试水，确认合格后方可开始蓄水，蓄水后不得断水再使之干涸。

（2）蓄水屋面应安装自动补水装置，屋面蓄水后，应保持蓄水层的设计厚度，严禁蓄水流失、蒸发后导致屋面干涸。

（3）工程竣工验收后，使用单位应安排专人负责蓄水屋面管理，定期检查并清扫杂物，保持屋面排水系统畅通，严防干涸。

6）节点处理

蓄水屋面溢水口应距分仓墙顶面100mm（图5.36）；过水孔应设在分仓墙底部，排水管应与水落管连通（图5.37）；分仓缝内应嵌填泡沫塑料，上部用卷材封盖，然后加扣混凝土盖板（图5.38）。

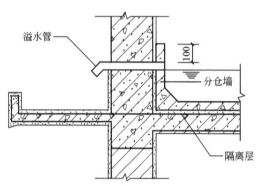

图5.36 蓄水屋面溢水口

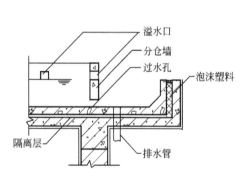

图5.37 蓄水屋面排水管、过水孔

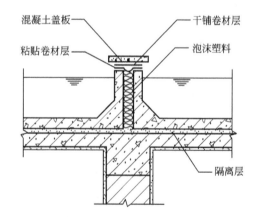

图5.38 蓄水屋面分仓缝

7）以下施工部位应同步拍摄必要的图像资料

（1）基层。

（2）柔性防水层敷设方式。

（3）细石混凝土保护层的敷设方式、厚度。

（4）分仓缝节点处理方法。

5.7.3 屋面蓄水隔热工程质量标准与验收

1. 主控项目

(1) 原材料、外加剂、混凝土防水性能和强度以及卷材防水性能，必须符合施工规范的规定。

检验方法：检查产品的出厂合格证、混凝土配合比和试验报告。

(2) 蓄水屋面防水层施工必须符合设计和规范要求，不得有渗漏现象。

检验方法：蓄水至规定高度，24h 观察检查。

(3) 蓄水屋面上设置的溢水口、过水孔、排水管、溢水管，其大小、位置、标高的留设必须符合设计要求。

检验方法：尺量和外观检查。

2. 一般项目

(1) 蓄水屋面的坡度必须符合设计要求。

检验方法：用坡度尺检查。

(2) 防水层内的钢筋品种、规格、位置以及保护层厚度必须符合设计要求和施工规范规定。

检验方法：观察检查和钢筋隐蔽验收检查。

(3) 蓄水屋面上设计的溢水口、过水孔、排水管、溢水管，其大小、位置、标高的留设必须符合设计要求。

检验方法：尺量和外观检查。

3. 质量记录

(1) 蓄水屋面工程施工方案和技术交底记录。

(2) 材料的出厂质量证明文件及复试报告。

(3) 防水混凝土试块抗渗试验结果评定。

(4) 施工检验记录、蓄水检验记录、工程验收记录、评定报告。

(5) 蓄水屋面分项工程检验批质量验收记表。

本　章　小　结

屋面节能工程是建筑节能工程中的重要组成部分。在设计及施工中，设计人员应合理选择节能方案，施工人员应严格按照施工工艺及质量验收规范进行施工，编制详细合理节能工程施工方案，以及质量验收资料。

习　题

一、单选题

1. 屋面节能工程使用的保温隔热材料，其导热系数、密度、（　　）或压缩强度、燃烧性能应符合设计要求。

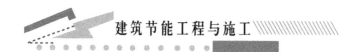

A. 厚度　　　　　　　　　　　　　　　B. 抗拉强度

C. 抗压强度　　　　　　　　　　　　　D. 抗冲击性能

2. 建筑节能验收（　　）。

A. 是单位工程验收的条件之一

B. 是单位工程验收的先决条件，具有"一票否决权"

C. 不具有"一票否决权"

D. 可以与其他部分一起同步进行验收

3. 屋面占建筑能耗约（　　）。

A. 8%～15%　　　B. 20%　　　　C. 25%　　　　D. 30%

4. 保温层设置在防水层上部时，保温层的上面应做（　　）；保温层设置在防水层下部时，保温层的上面应做（　　）。

A. 保护层　　　　B. 隔汽层　　　　C. 隔离层　　　　D. 找平层

5. 卷材防水屋面保温层厚度的允许偏差：对于松散保温材料和整体现浇保温层为（　　）。

A. +3%　-2%　　B. +5%　-5%　　C. +8%　-5%　　D. +10%　-5%

二、多选题

1. 屋面保温层的材料宜选用下列何种特性的材料？（　　）

A. 热导率较低的　　　　　　　　　　B. 不易燃烧的

C. 吸水率较大的　　　　　　　　　　D. 材质厚实的

2. 屋面工程验收的文件和记录包括（　　）和中间检查记录、施工日志、工程检验记录和其他技术资料。

A. 防水设计　　　　　　　　　　　　B. 施工方案

C. 技术交底记录　　　　　　　　　　D. 材料质量证明文件

E. 设计变更

3. 建筑围护结构的传热有三种方式。其中，两个分离的（不直接接触）、温度不同的物体之间存在着（　　）传热方式；流体内部温度不均匀引起密度分布不均匀，形成流体为（　　）传热方式；两直接接触物体，热量从温度高的一面传向温度低的一面，为（　　）传热方式。

A. 导热　　　　B. 传导　　　　C. 对流　　　　D. 辐射

三、问答题

1. 常用的屋面节能工程方式有哪些？

2. 简述各种屋面节能工程方式的优缺点及使用范围。

3. 简述屋面型材保温工程的施工工艺流程。

4. 简述屋面型材保温工程的质量验收要点。

5. 简述屋面现浇保温层工程的施工工艺流程。

6. 简述屋面现浇保温层工程的质量验收要点。

7. 简述屋面喷涂保温层工程的施工工艺流程。

8. 简述屋面喷涂保温层工程的质量验收要点。

9. 简述屋面架空隔热节能工程的施工工艺流程要点。

10. 简述屋面架空隔热节能工程的质量验收要点。

11. 简述屋面植被隔热节能工程的施工工艺流程要点。

12. 简述屋面植被隔热节能工程的质量验收要点。

13. 简述屋面蓄水隔热节能工程的施工工艺流程要点。

14. 简述屋面蓄水隔热节能工程的质量验收要点。

综 合 实 训

某消防大队办公楼工程位于花园路，为5层框架结构，由消防大队投资兴建，某城乡规划设计研究所设计，某工程咨询监理公司监理，某建筑安装有限公司承建，应设计及业主要求，屋面保温采用4cm厚挤塑板，针对该工程实际情况，拟定本工程屋面节能施工方案。其他内容辅导教师可根据情况自行设定。（施工图由老师提供）

【实训目标】

依据施工图纸及主要规范、规程进行屋面节能专项施工方案编制。

【实训要求】

（1）编写内容如下。

① 编制依据；

② 工程概况；

③ 施工部署；

④ 材料选择；

⑤ 施工方法；

⑥ 成品保护；

⑦ 屋面作业的安全、文明施工及环境保护要求。

（2）编写要求如下。

① 教师根据教学实际需要，指导学生根据范本编写节能工程施工方案部分章节。

② 教师可以将本部分实训教学内容分散安排在各节教学过程中，也可以在本章结束后统一安排。教师要指导学生按照教学内容编写，尽量做到规范化、标准化。

第6章

楼地面节能工程

✿ 教学目标

　　本章介绍了楼地面保温填充层铺设工程、EPS 板薄抹灰楼板底面保温工程、板材类楼地面保温工程及浆料类楼地面保温工程的构造、施工工艺及质量验收的相关知识。通过本章的学习，应了解不同类型楼地面节能工程的构造，掌握施工工艺及质量验收的相关要求。

✿ 教学要求

分项要求	对应的具体知识与能力要求	权重
了解概念	（1）楼地面节能工程的构造 （2）楼地面节能工程中成品和环境保护的相关要求	5%
掌握知识	（1）楼地面节能工程的工艺流程 （2）楼地面节能工程的施工质量过程控制方法 （3）楼地面节能工程的质量验收的要求	80%
习得能力	（1）楼地面节能工程质量控制的能力 （2）通过能力拓展习得编写楼地面节能工程作业指导书的能力	15%

引 例

在建筑围护结构中，通过地面向外传导的热（冷）量约占围护结构传热量的 3%～5%。常见楼地面节能工程主要包括两部分：一是直接接触土壤的地面保温工程，二是与空气接触的楼板地（底）面保温工程。本章主要介绍楼地面保温填充层铺设工程、EPS板薄抹灰楼板底面保温工程、板材类楼地面保温工程及浆料类楼地面保温工程的构造、楼地面节能工程施工工艺、质量标准与验收等内容。

6.1 概　　述

楼地面节能工程包括底面接触室外空气、土壤或毗邻不采暖空间的地面节能工程。楼地面工程中地面构造一般为保温层、垫层和基层（素土夯实），楼层地面构造一般为面层、保温层和结构层，有时为了满足使用和构造要求，可增设找平层、隔离层、防潮层、保护层等结构层次。楼地面节能工程常用的保温材料有：炉渣、膨胀蛭石、膨胀珍珠岩、岩棉等无机材料；有机材料主要有聚苯乙烯泡沫板（EPS、XPS）、硬质聚氨酯泡沫板等。楼地面节能工程的施工，应在主体或基层质量验收合格后进行。施工过程中应及时进行质量检查、隐蔽工程验收和检验批验收，施工后应进行楼地面节能分项工程验收。

（1）楼地面节能工程应对下列部位进行隐蔽工程验收，并应有详细的文字记录和必要的图像资料。

① 基层。

② 被封闭的保温材料厚度。

③ 保温材料粘结。

④ 隔热断桥部位。

（2）楼地面节能分项工程检验批划分应符合下列规定。

① 检验批可按施工段或变形缝划分。

② 当面积超过 200m² 时，每 200m² 可划分为一个检验批，不足 200m² 也为一个检验批。

③ 不同构造做法的楼地面节能工程应单独划分检验批。

6.2 楼地面保温填充层铺设工程

6.2.1 楼地面保温填充层构造

保温填充层一般采用松散保温材料、板状保温材料、现浇成形保温材料等，其构造如图 6.1 所示。

6.2.2 楼地面保温填充层铺设工程施工工艺

1. 施工工艺流程

基层表面处理 → 抄平放线 → 填充层铺设 → 检验清理

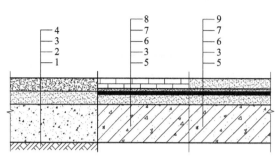

图 6.1　填充层构造简图

1—基层；2—垫层；3—找平层；4—松散填充层；
5—楼层结构层；6—隔离层；7—保护层；
8—板结块填充层；9—现浇填充层

2. 操作要点

1）基层表面处理

填充层施工前，应进行基层处理，要求基层表面平整、干净和干燥。

2）抄平放线

填充层施工前，应弹好标高控制线及做好厚度控制标准参照物。

3）填充层铺设

（1）当采用松散材料做填充层时，松散填充层应干燥，含水率不得超过设计规定。铺设前，预埋间距 800～1000mm 的木龙骨（防腐处理）、半砖矮隔断或抹水泥砂浆矮隔断一条，高度符合填充层的设计厚度要求，控制填充层厚度。在松散填充层施工时应分层铺设，并适当压实，压实采用压滚和木夯；每层的虚铺厚度和压实的程度应经试验确定，虚铺厚度不宜大于 150mm；压实后的填充层应避免受重压。

（2）当采用干铺板块状材料做填充层时，应紧靠基层表面，铺平、垫稳，应分层错缝铺贴，上下接缝应错开。每层应选用同一厚度的板、块料，其铺设厚度均应符合设计要求，接缝处应采用同类材料碎屑填嵌饱满。板状保温材料不应破碎、缺棱掉角，铺设时遇有缺棱掉角、破碎不齐的，应锯平拼接使用。

（3）当采用粘贴板块状材料做填充层时，铺砌平整、严实，分层铺设时接缝应错开。同时，应边刷、边贴、边压实，防止板块材料翘曲。胶粘剂应按保温材料的材性选用，板缝及缺损处应用碎屑加胶料拌匀填补严密。

（4）现浇整体填充层铺设要点。

① 水泥膨胀珍珠岩、沥青膨胀珍珠岩、膨胀蛭石应采取人工搅拌，避免颗粒破碎。

② 以水泥作胶结料时，应将水泥制成水泥浆后，边泼边拌均匀。

③ 以沥青作胶结料时，沥青加热温度不应高于 240℃，使用温度不宜低于 190℃，膨胀珍珠岩、膨胀蛭石的预热温度宜为 100～120℃，拌和以色泽均匀一致、无沥青团为宜。

④ 以硬泡聚氨酯作填充层时，基层必须平整、干燥，相对湿度小于 80%，且无锈、无粉尘、无污染、无潮气。当环境温度和基层表明温度过低时（18℃以下），应先涂一层涂料，然后进行喷涂施工，喷涂时要连续均匀。风速超过 5m/s，不应进行施工。

⑤ 现浇整体填充层铺设其配合比应计量准确、拌和均匀。

⑥ 现浇整体填充层应分层连续铺设，压实适当、表面平整，虚铺厚度与压实厚度根据试验确定。

（5）施工中应同步拍摄被封闭填充层的图像资料。

6.3　EPS 板薄抹灰楼板底面保温工程

6.3.1　EPS 板薄抹灰楼板底面保温构造

EPS 板薄抹灰楼板底面保温分为无锚栓及有锚栓两类，其基本构造分别如图 6.2 和图 6.3 所示。

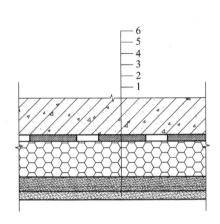

图 6.2 无锚栓 EPS 板薄抹灰楼板底
面保温基本构造

1—饰面层；2—抗裂砂浆面层；3—耐碱
网布；4—EPS 板；5—胶粘剂粘接层；
6—钢筋混凝土顶板

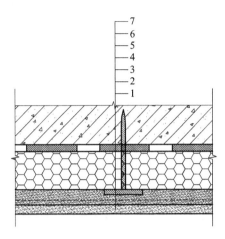

图 6.3 有锚栓 EPS 板薄抹灰楼板底
面保温基本构造

1—饰面层；2—抗裂砂浆面层；3—耐碱网布；
4—锚栓；5—EPS 板；6—胶粘剂粘接层；
7—钢筋混凝土顶板

6.3.2 EPS 板薄抹灰楼板底面保温工程施工工艺

1. 施工工艺流程

板底清理 → 涂抹界面剂 → 弹性 → 裁板 → 粘贴 EPS 板 → 抹抗裂砂浆 →

铺挂耐碱玻璃纤维网格布 → 施工饰面层

2. 操作要点

1）板底清理

板底应清理干净，无油渍、浮尘、积水等，板底面凸起物大于等于 10mm 应铲平。

2）涂抹界面剂

基层应涂满界面砂浆，用滚刷或扫帚将界面砂浆均匀涂刷在基层上。

3）弹线

按厚度拉水平控制线。

4）裁板

EPS 板长度应小于等于 1200mm，宽度应小于等于 600mm。

5）粘贴 EPS 板（图 6.4）

（1）粘贴 EPS 板时，应将胶粘剂涂在 EPS 板背面，涂胶粘剂面积不得小于 EPS 板面积的 40%。

（2）涂好胶粘剂后应立即将 EPS 板贴在墙面上，动作要迅速，以防止粘接剂结皮而失去粘接作用。EPS 板贴在墙上时，应用 2m 靠尺进行压平操作，保证其平整度和粘接牢固。板与板之间要挤紧，不得有较大的缝隙。若因保温板面不方正或裁切不直形成大于

2mm 的缝隙，应用 EPS 板条塞入并打磨平。

（3）EPS 板贴完后至少 24h，且待粘接剂达到一定粘接强度时，用专用打磨工具对 EPS 板表面不平处进行打磨，打磨动作最好是轻柔的圆周运动，不要沿着与保温板接缝平行的方向打磨。打磨后应用刷子将打磨操作中产生的碎屑清理干净，并标出板底管线走向。图 6.5 所示为 EPS 板粘贴完成效果。

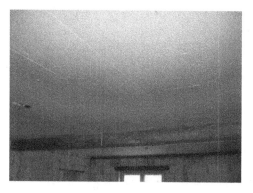

图 6.4　粘贴 EPS 板　　　　　　　　图 6.5　EPS 板粘贴完成效果

6）抹抗裂砂浆

（1）在 EPS 板上先抹 2mm 厚的抗裂砂浆，待抗裂砂浆初凝后，分段铺挂耐碱玻璃纤维网格布并安装锚栓（锚栓呈梅花状布置，5～6 个/m²），锚栓锚入墙体孔深应大于 30mm，锚栓安装位置应避开板底管线。

（2）在底层抗裂砂浆终凝前再抹一道抗裂砂浆罩面，厚度为 2～3mm，以覆盖耐碱玻璃纤维网格布轮廓为宜。面层砂浆切忌不停揉搓，以免形成空鼓。在面层抗裂砂浆抹完后养护 7d，待其干燥后方可进行面层涂料施工。

（3）墙板交界处容易碰撞的阳角及不同材料基体的交接处等特殊部位，应增设一层耐碱玻璃纤维网格布以防止开裂和破损（耐碱玻璃纤维网格布在每边铺设宽度为 EPS 板的厚度＋50mm）。

7）以下施工部位和工序应同步拍摄图像资料

（1）保温层附着的基层及其表面处理。

（2）墙体热桥部位处理。

（3）保温板粘接和固定方法。

（4）锚固件。

（5）增强网铺设。

（6）被封闭的 EPS 板厚度。

6.4　板材类楼地面保温工程

6.4.1　板材类楼地面保温构造

板材类楼地面保温基本构造如图 6.6 和图 6.7 所示。

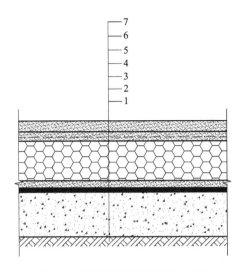

图6.6　板材类地面保温基本构造

1—回填夯实层；2—垫层；3—防潮层；
4—水泥砂浆找平层；5—保温层；6—抗
裂砂浆、耐碱玻纤网格布层；7—保护层

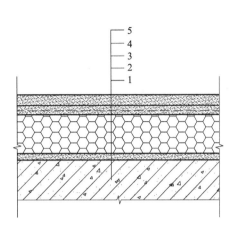

图6.7　板材类楼面保温基本构造

1—基层楼板；2—水泥砂浆找平层；
3—保温层；4—抗裂砂浆、耐碱玻纤网
格布层；5—保护层

6.4.2　板材类楼地面保温工程施工工艺

1. 施工工艺流程

基层处理 → 水泥砂浆找平 → 弹线 → 预铺 → 保温板铺贴 → 抹抗裂砂浆，压入耐碱玻纤网格布 → 保护层

2. 操作要点

1）基层处理

基层楼板面应清理干净，无油渍、浮尘等，板面凸起物大于等于10mm应铲平。

2）弹线

弹好标高控制线及做好厚度控制标准参照物。

3）预铺

根据所用块材的规格及房间尺寸，按方案要求进行干铺试摆，非整板宜放置在房间四周。非整板的尺寸不宜小于整板尺寸的三分之一。

4）保温板铺贴

（1）干铺时，按分线位置逐一放平垫稳保温板，接缝应挤紧。

（2）粘贴铺砌时，应边铺边粘贴保温板块，随时用木杠控制和找平顶面。

（3）铺砌时，接缝可采用对接、搭接或榫接，做法如图6.8～图6.10所示。

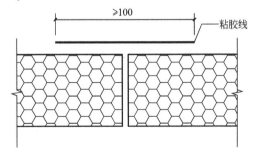

图6.8　对接

85

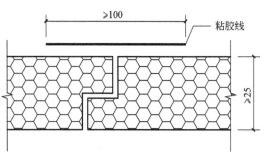

图 6.9 搭接

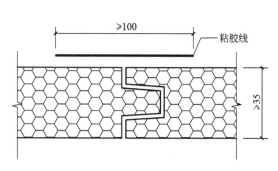

图 6.10 榫接

(a)

(b)

图 6.11 挤塑板(XPS)敷设

（4）铺砌时，板材应逐行错缝，板与板之间要挤紧，周边端缝用保温材料填实。若因保温板面不方正或裁切不直形成的缝隙，宜用发泡聚氨酯嵌填缝隙。

如图 6.11 所示为挤塑板(XPS)敷设。

5）抹抗裂砂浆

（1）在保温板上抹 2mm 厚的抗裂砂浆，待抗裂砂浆初凝后，分段铺挂耐碱玻纤维网格布。

（2）在底层抗裂砂浆终凝前再抹一道抗裂砂浆罩面，厚度为 2～3mm，以覆盖耐碱玻璃纤维网格布轮廓为宜。面层砂浆切忌不停揉搓，以免形成空鼓。在面层抗裂砂浆抹完后养护 7d，待其干燥后方可进行保护层施工。

6）以下施工部位和工序应同步拍摄图像资料

（1）保温层附着的基层及其表面处理。

（2）墙体热桥部位处理。

（3）保温板粘接和固定方法。

（4）被封闭的保温板厚度。

6.5 浆料类楼地面保温工程

6.5.1 浆料类楼地面保温构造

浆料类楼地面保温基本构造如图 6.12 和图 6.13 所示。

6.5.2 浆料类楼地面保温工程施工工艺

1. 施工工艺流程

基层处理 → 弹线 → 做灰饼、冲筋 → 喷刷界面砂浆 → 抹保温砂浆 → 保护层

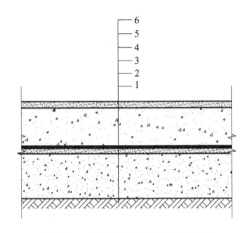

图 6.12 浆料类地面保温基本构造

1—回填夯实层；2—垫层；3—防潮层、保护层；

4—界面层；5—保温层；6—保护层

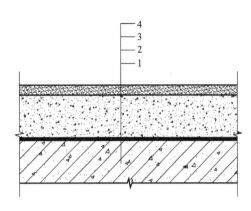

图 6.13 浆料类楼面保温基本构造

1—楼板基层；2—界面层；

3—保温层；4—保护层

2．操作要点

1）基层处理

基层楼板面应清理干净，无油渍、浮尘、积水等，板面大于等于 10mm 的凸起物应铲平。

2）弹线

弹好标高控制线及做好厚度控制标准参照物（图 6.14）。

3）做灰饼（图 6.15）、冲筋

用同种材料的保温砂浆做保温层厚度控制灰饼，灰饼间距可取 1.5m。

图 6.14 标高控制

图 6.15 做灰饼

4）喷刷界面砂浆

在基层面满涂界面砂浆，并拉毛。

5）抹保温砂浆

（1）涂抹保温层应采用分层多遍施工，每遍施工厚度不宜超过 15mm。

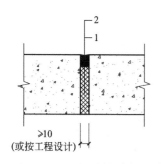

图 6.16 分格缝做法示意图
1—嵌填保温材料；
2—密封膏嵌缝

（2）每遍宜连续施工并压实抹平，两遍施工间隔时间不应少于 24h。

（3）最后一遍操作时，应达到灰饼厚度，并用靠尺搓平。

（4）阴角处施工时，宜从外向内压抹。

（5）按设计要求设置分格缝，设计无要求时，分格缝宜按不大于 6m 设置，相邻房间之间也宜设置分格缝，分格缝做法如图 6.16 所示。

（6）保温层施工养护时间不宜少于 7d，保温层固化干燥后方可进行抗裂保护层施工。

（7）施工中应同步制作同条件养护试件，以备见证取样送检，检测其热导率、干密度和抗压强度。

6）以下施工部位和工序应同步拍摄图像资料

（1）保温层附着的基层及其表面处理。

（2）墙体热桥部位处理。

（3）被封闭的保温层厚度。

6.6 楼地面节能工程的质量标准与验收

6.6.1 主控项目的质量标准与检验方法

（1）用于地面节能工程的保温材料，其品种、规格应符合设计要求和相关标准的规定。

检验方法：观察、尺量或称重检查；核查质量证明文件。

检测数量：按进场批次，每批随机抽取 3 个试样进行检查；质量证明文件应按照其出厂检验批进行核查。

（2）地面节能工程使用的保温材料，其导热系数、密度、抗压强度或压缩强度、燃烧性能应符合设计要求。

检验方法：核查质量证明文件和复验报告。

检查数量：全数核查。

（3）地面节能工程采用的保温材料，进场时应对其导热系数、密度、抗压强度或压缩强度、燃烧性能进行复验，复验应为见证取样送检。

检验方法：随机抽样送检，核查复验报告。

检测数量：同一厂家同一品种的产品各抽查不少于 3 组。

（4）地面节能工程施工前，应对基层进行处理，使其达到设计和施工方案的要求。

检验方法：对照设计和施工方案观察检查。

检查数量：全数检查。

（5）地面保温层、隔离层、保护层等各层的设置和构造做法以及保温层的厚度应符合设计要求，并应按施工方案施工。

检验方法：对照设计和施工方案观察检查；尺量检查。

检测数量：全数检查。

（6）有防水要求的地面，其节能保温做法不得影响地面排水坡度，保温层面层不得渗漏。

检验方法：用长度 500mm 水平尺检查；观察检查。

检查数量：全数核查。

（7）严寒、寒冷地区的建筑首层直接与土壤接触的地面、采暖地下室与土壤接触的外墙、毗邻不采暖空间的地面以及底面直接接触室外空气的地面应按设计要求采取保温措施。

检验方法：对照设计观察检查。

检测数量：全数检查。

（8）保温层的表面防潮层、保护层应符合设计要求。

检验方法：观察检查。

检查数量：全数检查。

（9）地面节能工程的施工质量应符合下列规定。

① 保温板与基层之间、各构造层之间的粘结应牢固，缝隙应严密。

② 保温浆料应分层施工。

③ 穿越地面直接接触室外空气的各种金属管道应按设计要求，采取隔断热桥的保温措施。

6.6.2　楼地面节能工程验收要点

（1）填充层的配合比必须符合设计要求。

（2）松散材料填充层铺设应密实；板块状材料填充层应压实、无翘曲。

（3）填充层表面平整度的允许偏差：3mm，用 2m 靠尺和楔形塞尺检查；标高的允许偏差：±4mm，用水准仪检查；坡度的允许偏差：不大于房间相应尺寸的 2/1000，且不大于 30mm，用坡度尺检查；厚度的允许偏差：在个别地方不大于设计厚度的 1/10，用钢直尺检查。

（4）后置锚栓指标应做现场拉拔试验，其技术性能应合格。

（5）基层应有足够的强度，表面平整、清洁，无起砂、起壳、裂缝、蜂窝、麻面等现象。

（6）各抹灰层之间及抹灰层与基体之间必须粘结牢固，抹灰层应无脱层、空鼓、面层无暴灰和裂缝等缺陷。

（7）保温浆料厚度应均匀、接槎应平顺密实。

（8）普通抹灰表面应光滑、洁净，接槎平整。高级抹灰表面应光滑、洁净，颜色均匀，无抹纹，线角和灰线平直方正、清晰美观。

（9）孔洞、槽、盒、管道后面的抹灰表面，其尺寸应正确，边缘应整齐、光滑，管道后面应平整。

（10）保护层表面平应整、清洁，无起砂、起壳、裂缝、蜂窝、麻面等现象。界面层应无脱层、空鼓、保温层无暴灰和裂缝等缺陷。

本　章　小　结

本章适用于建筑楼地面节能工程的施工及质量验收。本章主要介绍楼地面保温填充层铺设工程、EPS板薄抹灰楼板底面保温工程、板材类楼地面保温工程及浆料类楼地面保温工程的构造、施工工艺及质量验收的要求。

习 题

一、单选题

1. 现浇整体填充层应分层连续铺设，压实适当、表面平整，（　　）应根据试验确定。

A. 标高

B. 坡度

C. 平整度

D. 虚铺厚度和压实厚度

2. 以下不属于 EPS 板薄抹灰楼板底面保温的构造层次的是（　　）。

A. 胶粘剂粘接层

B. 抗裂砂浆面层

C. 保护层

D. 饰面层

3. 粘贴 EPS 板时，应将胶粘剂涂在 EPS 板背面，涂胶粘剂面积不得小于 EPS 板面积的（　　）。

A. 40%　　　　　B. 50%　　　　　C. 60%　　　　　D. 80%

4. 以下工序可以不同步拍摄图像资料的是（　　）。

A. 基层处理

B. 耐碱玻璃纤维网格铺设

C. 保温板粘接

D. EPS 板裁切

5. 浆料类楼地面节能工程施工的保温层施工养护时间不宜少于（　　）天，保温层固化干燥后方可进行抗裂保护层施工。

A. 3　　　　　B. 5　　　　　C. 7　　　　　D. 14

二、多选题

1. 楼层地面构造一般为（　　）。

A. 面层　　　　B. 保温层　　　　C. 结构层　　　　D. 防水层

E. 保护层

2. 楼地面节能工程应对（　　）进行隐蔽工程验收，并应有详细的文字记录和必要的图像资料。

A. 基层

B. 保温材料的厚度

C. 保温材料的保温隔热性能

D. 保温材料粘结

E. 隔热断桥部位

3. 下列属于浆料类地面保温基本构造的是（　　）。

A. 夯实层

B. 水泥砂浆找平层

C. 界面层

D. 保温层

E. 保护层

5. 地面节能工程采用的保温材料，进场时应对其（　　）进行复验，复验应为见证取样送检。

A. 传热性能

B. 导热系数

C. 密度

D. 抗压强度或压缩强度

E. 燃烧性能

三、案例题

1. 某工程建筑面积 33151.65m²，共 2 栋，其中一栋的地下一、二层为商业服务网点，地下三层为地下车库，地面上 17 层，另一栋为 18 层。该工程楼地面采用中空玻化微珠保温系统，以中空玻化微珠干混保温砂浆为保温层，在保温层面层涂抹一层具有防水抗渗、抗裂性能的抗裂砂浆，与保温层复合形成一个集保温隔热、抗裂、抗渗于一体的完整体系。该系统不仅具有良好的保温性能，同时具有优异的隔热、防火性能且能防虫蚁噬蚀。

【问题】

（1）该项目使用的中空玻化微珠见证取样的检测项目有哪些？

（2）该项目选用的保温系统属于本章中介绍的哪一种楼地面节能工程？请画出其构造层次。

2. 某酒店式公寓项目，室内地面保温要求在楼板上先 1.5 厚的防水层，其上采 30mmXPS 挤塑保温板铺贴，保温板上再浇捣 40 厚 C20 细石混凝土并配置钢筋作保护层。

【问题】

（1）上述保温项目属于哪一类楼地面保温工程？简述其施工工艺。

（2）该项目在实施过程中应对以下哪些施工部位和工序同步拍摄图像资料？

3. 某房地产公司开发的公寓住宅项目，楼地面保温面积约 20000m²，采用全轻混凝土楼地面保温，厚度 50mm，细石混凝土保护层 25mm，全轻混凝土保温材料由陶泥、淘砂、胶粉料和水按一定比例拌和而成。结合本章知识，完成下面的问题。

【问题】

（1）上述保温项目属于哪一类楼地面保温工程？简述其施工工艺。

（2）简述该保温工程的施工作业要点。

（3）该工程用到的保温材料在进场时，应对哪些项目进行复验？

（4）该项目在实施过程中应对以下哪些施工部位和工序同步拍摄图像资料？

第7章

采暖节能工程

引 例

采暖系统是建筑物的能耗大户之一，采暖系统节能工程，是通过采暖系统的节能安装，达到在保证使用热舒适的前提下系统运行能耗减少的目的。在采暖系统的安装中，做好采暖管道安装、散热器安装、低温热水地面辐射供暖系统安装以及系统的调试与试运行中与运行能耗相关的关键施工，是采暖系统节能的关键。

7.1 概 述

采暖系统的能耗在整个建筑能耗中占有比较大的比重，采暖的节能效果与系统的设计、施工、调试、运行调节与管理等多个因素有关，而采暖系统的设计、施工和调试对整个采暖系统的运行能耗起着决定性的作用，因此，采暖系统的施工质量和调试效果的优劣，将直接影响采暖系统的节能。

采暖系统的节能工程包括了采暖管道节能工程、散热器节能工程、低温热水地面辐射供暖系统节能工程和调试与试运行等内容。本章中所述的施工仅包含与节能有关的施工工艺。

7.1.1 采暖节能工程的一般规定

（1）采暖节能工程按分项工程进行验收。当采暖节能分项工程的工程量较大时，可以将分项工程划分为若干个检验批进行验收。

（2）当采暖节能工程验收无法按照《建筑节能工程施工质量验收规范》（GB 50411）的要求划分分项工程或检验批时，可由建设、监理、施工等各方协商进行划分。但验收项目、验收内容、验收标准和验收记录均应符合《建筑节能工程施工质量验收规范》（GB 50411）的相关规定。

（3）采暖系统节能工程的验收，可按系统、楼层等进行。

（4）采暖节能分项工程和检验批的验收应单独填写验收纪录，节能验收资料应单独组卷。

7.1.2 采暖节能工程施工准备

1. 技术准备

（1）施工人员应熟悉施工图和有关设计技术文件，以及国家、地方和行业现行有关施工及质量验收规范。

（2）技术人员应掌握采暖系统制式和管道、设备安装的技术要求。

（3）技术人员应熟悉图纸、参加图纸会审，以消除图纸及施工过程中可能存在的问题，若采暖管道与建筑结构或电气管线发生冲突，应提出明确的解决方案，并通过图纸会审和设计变更确认。

2. 材料准备

采暖系统的材料质量是采暖系统施工质量中的先决因素，采暖安装工程所使用的管材、设备的类型、材质、规格等都必须符合相应的国家标准和设计要求。所使用的各种材料、配件及设备应有产品出厂合格证,应经过监理工程师的验收,形成相应的验收记录。

(1) 管材不得有锈蚀、镀层不均匀、飞刺及凹凸不平等缺陷。

(2) 管件不得有偏扣、断丝和角度不准等缺陷。

(3) 各类阀门的强度和严密性试验应符合设计要求。阀门的丝扣应无损伤,开关灵活严密。

(4) 散热器的使用压力应符合设计要求,散热器不得有砂眼,对口面不得有偏口、裂缝和上下口中心距不一致等缺陷。散热器进场后,应见证取样送国家认可的检测机构进行检测,检测散热器的单位散热量、金属热强度等参数,检测合格后方可使用。

(5) 仪表应有相关性能检验报告。

(6) 保温材料应有在有效期内的材质检测报告。保温材料进场时,应见证取样送国家认可的检测机构进行检测,检测保温材料的导热系数、密度、吸水率等参数,检测合格后方可使用。

(7) 低温热水地面辐射采暖系统采用的加热管应有国家授权机构提供的在有效期内并符合相关标准要求的检验报告,管内外表面应光滑、平整、清洁,不应有可能影响产品性能的明显划痕、凹陷、气泡等缺陷,复合管、塑料管材及管件的颜色应一致,色泽均匀,无分解变色。

(8) 低温热水地面辐射采暖系统采用的分水器、集水器(含连接件等)的材料内外表面应光洁,不得有裂纹、砂眼、冷隔、夹渣、凹凸不平等缺陷。表面电镀的连接件,色泽应均匀,镀层牢固,不得有脱镀的缺陷。

3. 施工机具准备

(1) 机具:套丝机、切割机、煨管机、钻孔机、电气焊机、试压泵、管钳、钢丝钳、扳手、钢锯、手锤、手电钻、热熔机、切割刀等。

(2) 测量检验工具:水平尺、角尺、钢卷尺、线坠等。

4. 作业条件准备

(1) 建筑施工主体工程已经全部完工,安装设备的墙面已经抹完灰。预埋件和预留孔洞符合设计要求,土建地面标高控制线和间壁墙位置明确。

(2) 施工图齐备,图纸会审和施工方案已经完成并已得到项目监理机构专业监理工程师和总监理审查、审批,已向安装施工人员进行了图纸、技术、质量、安全交底。

(3) 具有足够面积的独立作业场地和材料、半成品、成品堆放场地。选择场地应尽量减少制作噪声对周围环境的不利影响。

(4) 操作平台和施工机具在作业场地应排列整齐有序,符合制作的工艺和安全要求;堆放场地应满足材料、半成品和成品保护的要求。

(5) 制作场地应预留现场材料、成品及半成品的运输通道,制作场地和运输通道的选择不得阻碍消防通道。

(6) 施工场地应平整、清洁,具有良好的采光和照明。照明和动力电源应有可靠的安全防护装置。

(7) 当加工设备布置在建筑物内时,应考虑建筑物楼板、梁的承载能力,应取得建设、土建单位及监理工程师的同意。

（8）现场电源、水源能满足施工要求。

（9）施工草图已绘制完毕。

（10）低温热水地面辐射采暖系统施工的环境温度不宜低于5℃；在低于0℃的环境下施工时，现场应采取升温措施。

7.2　管道节能工程

7.2.1　管道节能简述

采暖管道节能工程安装包括干管的安装、立管的安装、支管的安装、附属设备及附件的安装、采暖管道保温层和防潮层的施工等内容。采暖系统的管道安装应符合《建筑给水排水及采暖工程施工质量验收规范》（GB 50242）及设计要求。采暖管道系统的制式应符合设计的要求，按设计图纸画出管路的位置、管径、变径、预留口、坡向及支架吊架位置等施工草图，包括干管起点、末端和拐弯、节点、预留口、坐标位置等。管道的连接应按设计要求进行。管道安装前，管材应调直，应检查和清理所有管道内的杂物及垃圾。

7.2.2　管道节能工程施工工艺

1. 施工工艺流程

安装准备 → 预制加工 → 卡架安装 → 干管安装 → 立管安装 →

支管安装 → 附属设备及附件安装 → 试压 → 冲洗 → 防腐 → 保温 → 调试

2. 操作要点

1）干管安装

干管支架、吊架的间距应符合要求，不允许加大间距安装。干管支架、吊架的位置应符合管道安装坡度的设计要求，同时应朝热位移方向偏离预留1/2的收缩量。干管与支架、吊架的连接应固定牢靠。干管在穿越墙体时，应放置套管。干管上安装有补偿器时，补偿器应在预制时按规范要求做好预拉伸（图7.1），并做好记录。凡需隐蔽的干管，均应按设计或规范要求进行水压试验，并及时办理隐蔽工程验收手续。

2）立管安装

立管的安装如图7.2所示。

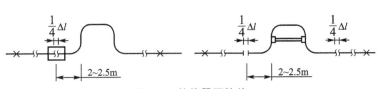

图7.1　补偿器预拉伸

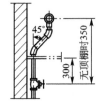

图7.2　立管的安装

（1）立管的弹线。

检查各层楼板立管预留孔洞的中心线及在管道井内安装的立管中线是否在同一垂直线上，若不在同一垂直线上，应重新弹线，确保立管在同一垂直线上。

（2）立管的安装顺序。

① 上供下回式的采暖系统，立管应从顶层水平干管的预留口开始自上而下安装。

② 其他制式的采暖系统，立管应从底层的水平干管的预留口开始自下而上安装。

（3）穿楼板套管的设置。

穿楼板套管应高出装修地面 20mm，安装在卫生间及厨房内的套管，其顶部应高出装饰地面 50mm，底部应与楼板底面相平。

3）支管安装

（1）核定支管的安装位置。

用量尺检查并核对散热器的安装位置及立管甩口是否准确。

（2）确定支管尺寸和灯叉弯。

用量尺的方法量支管尺寸和灯叉弯的大小。

（3）校核支管的坡度。

用钢尺、水平尺、线坠校核支管的坡度和平行方向距墙尺寸，复查立管及散热器有无移位。

4）附属设备及附件安装

（1）水箱的安装。

水箱安装完成后，应及时检查水箱内是否有污物、杂质，并经试漏，合格后方可投入使用。

（2）散热器恒温阀（图 7.3）的安装。

图 7.3　散热器恒温阀

散热器恒温阀的安装位置应满足以下要求。

① 明装散热器的恒温阀应安装在进水支管上不狭小和不封闭的空间里，水平安装。

② 暗装的散热器恒温阀应采用外置式温度传感器。

③ 散热器恒温阀的室内温度传感器不能被窗台板、窗帘、家具或其他障碍物遮挡。

④ 散热器恒温阀要能正确反映室内的空气温度。

⑤ 散热器恒温阀的安装位置空气应流通。

⑥ 散热器恒温阀的安装位置应远离散热器和供水管加热的空气。

⑦ 散热器恒温阀的安装位置应避开散热器的热辐射。

（3）水力平衡装置的安装。

安装空间应能保证水力平衡装置的调节和操作。

（4）热计量装置的安装。

热计量装置除审核节能产品认证证书外，还必须得到有关部门监测合格的认可。

热计量装置应能实现分栋热计量和分户或分室（区）热量分摊。

5）采暖管道保温层和防潮层的施工

（1）保温层应采用不燃或难燃材料，其材质、规格及厚度等应符合设计要求。

（2）保温管壳的粘贴应牢固、铺设应平整；硬质或半硬质的保温管壳每节至少应用防腐金属丝、难腐织带或专用胶带进行捆扎或粘贴2道，其间距为300～350mm，且捆扎、粘贴应紧密，无滑动、松弛及断裂现象。

（3）硬质或半硬质保温管壳的拼接缝隙不应大于5mm，并用粘结材料勾缝填满；纵缝应错开，外层的水平接缝应设在侧下方。

（4）松散或软质保温材料应按规定的密度压缩其体积，疏密应均匀；毡类材料在管道上包扎时，搭接处不应有空隙。

（5）防潮层应紧密贴在保温层上，封闭良好，不得有虚粘、气泡、褶皱、裂缝等缺陷。

（6）防潮层的立管应由管道的低端向高端敷设，环向搭接缝应朝向低端；纵向搭接缝应位于管道的侧面，并顺水。

（7）卷材防潮层采用螺旋形缠绕的方式施工时，卷材的搭接宽度宜为30～50mm。

（8）阀门及法兰部位的保温层结构应严密，且能单独拆卸并不得影响其操作功能。

7.2.3　管道节能工程质量检验

1. 材料的检查验收

采暖所用的仪表、管材、保温材料等产品进场时，通过观察检查、核查质量证明文件和相关技术资料等方法，全数检查其类型、材质、规格及外观等参数是否符合设计要求，并经监理工程师（建设单位代表）检查认可，形成相应的验收记录。

2. 保温材料的性能检测

保温材料进场时，按照同一厂家同材质的保温材料见证取样送检的次数不得少于2次的方式见证取样，送第三方检测机构检测保温材料的导热系数、密度、吸水率等参数，被检测参数应符合设计要求。

3. 采暖系统的安装检查

通过观察检查的方式全数检查采暖系统以下内容。

（1）采暖系统的制式是否符合设计要求。

（2）阀门、过滤器、温度计及仪表的安装是否符合设计要求。

（3）室内温度调控装置、热计量装置、水力平衡装置以及热力入口装置的安装位置和方向是否符合设计要求。

（4）温度调控装置和热计量装置安装后，能否实现设计要求的分室（区）温度调控、分栋热计量和分户或分室（区）热量分摊的功能。

4. 散热器恒温阀的安装检查

按照观察检查的方法，按散热器恒温阀总数的 5%，且不得少于 5 个的检验数量检查散热器恒温阀以下内容。

（1）恒温阀的规格、数量是否符合设计要求。

（2）明装散热器恒温阀是否满足安装在开敞的空间里，其恒温阀阀头是否水平安装，恒温阀阀头是否被散热器、窗帘或其他障碍物遮挡。

（3）暗装散热器的恒温阀是否采用外置式温度传感器，是否满足安装在空气流通且能正确反映房间温度的位置上。

5. 采暖系统热力入口装置的安装检查

按照观察检查、核查进场验收记录和调试报告的方式，全数检查采暖系统热力入口装置的以下内容。

（1）热力入口装置中各种部件的规格、数量是否符合设计要求。

（2）热计量装置、过滤器、压力表、温度计的安装位置、方向是否正确，是否便于观察、维护。

（3）水力平衡装置及各类阀门的安装位置、方向是否正确，是否便于操作和调试。安装完毕后，是否根据系统水力平衡要求进行调试并做出标志。

6. 采暖管道保温层和防潮层的施工检查

按照观察检查、用钢针刺入保温层和尺量的方式，按数量的 10% 且保温层不得少于 10 段、防潮层不得少于 10m、阀门等配件不得少于 5 个的检查数量检查采暖管道保温层和防潮层的以下内容。

（1）保温层是否采用不燃或难燃材料，其材质、规格及厚度等是否符合设计要求。

（2）保温管壳的粘贴是否牢固、铺设是否平整；硬质或半硬质的保温管壳每节是否至少用防腐金属丝或难腐织带或专用胶带捆扎或粘贴 2 道，其间距是否满足 300～350mm，捆扎、粘贴是否紧密，是否存在滑动、松弛与断裂现象。

（3）硬质或半硬质保温管壳的拼接缝隙是否满足小于等于 5mm，是否用粘结材料勾缝填满；纵缝是否错开，外层的水平接缝是否设在侧下方。

（4）松散或软质保温材料是否按规定的密度压缩其体积，疏密是否均匀；毡类材料在管道上包扎时，搭接处是否存在空隙。

（5）防潮层是否紧密粘贴在保温层上，封闭是否良好，是否有虚粘、气泡、褶皱、裂缝等缺陷；

（6）防潮层的立管是否由管道的低端向高端敷设，环向搭接缝是否朝向低端；纵向搭接缝是否位于管道的侧面，是否顺水。

（7）卷材防潮层采用螺旋形缠绕的方式施工时，卷材的搭接宽度是否满足 30～50mm。

（8）阀门及法兰部位的保温层结构是否严密，能否单独拆卸并不得影响其操作功能。

7. 管道隐蔽工程的检查

通过观察检查、核查隐蔽工程验收记录的方式，全数检查管道隐蔽的部位和内容，隐蔽工程是否有详细的文字记录和必要的图像资料。

8. 过滤器等配件保温层的检查

按照观察检查的方法，按保温层别类数量抽查 10%，且均不得少于 2 件的检查数量检查过滤器等配件的保温层是否密实、是否存在空隙、是否影响其操作功能。

7.3　散热器节能工程

7.3.1　散热器节能简述

散热器(图 7.4)节能安装工程包括散热器的组装、散热器的试压和散热器的安装等内容。散热器的安装应符合《建筑给水排水及采暖工程施工质量验收规范》（GB 50242)及设计的规定。

7.3.2　散热器节能工程施工工艺

图 7.4　柱形散热器

1. 施工工艺流程

安装准备 → 散热器组对 → 外拉条预制和安装 → 散热器单组水压试验 →

散热器安装 → 支管安装 → 系统试压 → 系统冲洗 → 防腐

2. 操作要点

1) 安装准备

检查每组散热器的出厂中文质量合格证、注册商标、规格、数量、安装方式、出厂日期、工作压力、试验压力等参数。每组散热器的规格、数量及安装方式应符合设计要求。

2) 散热器组对

(1) 将散热器内的杂质、污垢以及对口处的浮锈清除干净。

(2) 组对前，根据热源分别选择好衬垫。

(3) 按设计要求的片数组对，试扣选出合格的对丝、丝堵、补心。

3) 散热器单组水试验

试验压力应为工作压力的 1.5 倍，但不小于 0.6MPa。试验时间为 2~3min，压力不降且不渗不漏为合格。

4) 散热器安装

散热器的安装如图 7.5 所示。

(1) 散热器支、托架安装位置应准确，埋设牢固。

(2) 散热器背面与墙内表面安装距离，应符合设计。若设计未注明，应为 30mm。

(3) 散热器底部与地面安装距离，应符合设计要求。若设计未注明，应大于等于 100mm。

(4) 散热器顶部与窗台板安装距离，应符合设计要求。若设计未注明，应大于 100mm。

(5) 注意散热器与支管的连接方式以及散热器的安装形式对散热器散热的影响。

(6) 散热器外表面应刷非金属性涂料。

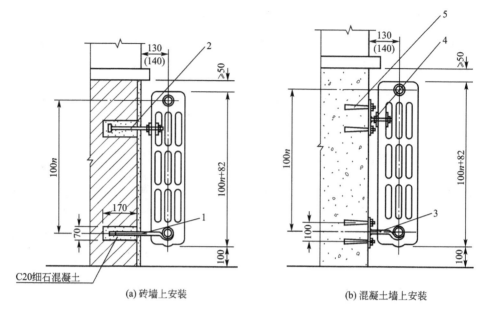

(a) 砖墙上安装　　　　　　　　(b) 混凝土墙上安装

图 7.5　散热器的安装

1—A 型托钩；2—卡子 1；3—B 型托钩；4—卡子 2；5—胀锚螺栓

7.3.3　散热器节能工程质量检验

1. 散热器的检查验收

散热器进场时，应通过观察检查、核查质量证明文件和相关技术资料等方法，全数检查散热器的类型、材质、规格及外观是否符合设计要求，并经监理工程师（建设单位代表）检查认可，形成相应的验收记录。

2. 散热器的性能检测

散热器进场时，按照同一厂家统一规格的散热器按其数量的 1%，且不得少于 2 组方式见证取样，送第三方检测机构检测散热器的单位散热量、金属热强度等参数，被检测参数应符合设计要求。

3. 散热器的安装检查

通过观察检查的方法，按散热器组数抽查 5%，不得少于 5 组的检验数量检查散热器以下内容。

（1）每组散热器的规格、数量及安装方式是否符合设计要求。

（2）散热器外表面是否为非金属性涂料。

7.4　低温热水地面辐射供暖系统节能工程

7.4.1　低温热水地面辐射供暖系统节能简述

低温热水地面辐射供暖系统的节能安装包括基层的清理、绝热板材铺设、加热盘管压力及强度试验、加热盘管铺设、室内温控装置及分、集水器的安装等内容。低温热水地面辐射供暖系统的防潮层、防水层、隔热层及伸缩缝应符合设计要求。填充层强度应符合设计要求。

7.4.2 低温热水地面辐射供暖系统节能工程施工工艺

1. 施工工艺流程

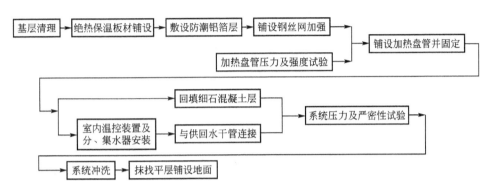

2. 操作要点

1）基层清理

基层应干燥，楼地面无垃圾、浮灰、附着物、油漆、涂料、油污等。

2）绝热保温板材铺设

（1）绝热保温板应清洁、无破损，厚度应符合设计要求。

（2）绝热保温板的铺设应平整，绝热层相互间接合应严密。

（3）房间周围边墙、柱的交接处应设绝热板保温带，其高度要高于细石混凝土回填层。

（4）直接与土壤接触或有潮湿气体侵入的地面，在铺放绝热层之前应先铺一层防潮层。

（5）绝热板材的伸缩缝应符合设计要求。

3）加热盘管压力及强度试验

盘管隐蔽前必须进行水压试验，试验压力应为工作压力的 1.5 倍，且不应小于 0.6MPa，在试验压力下，稳压 1h，其压力降不大于 0.05MPa，且不渗不漏为合格。

4）铺设加热盘管

（1）加热盘管的检查。

根据施工图纸核定加热管的选型、管径、壁厚，并应检查加热管外观质量，管内部不得有杂质。

（2）加热盘管的切割。

加热管切割，应采用专用工具，切口应平整，断口面应垂直于管轴线。严禁用电焊、气焊、手工锯等工具切割加热管。

（3）加热盘管的布置。

加热盘管的布置如图 7.6 所示。

图 7.6 加热盘管的布置

① 加热盘管应平直，管间距的安装误差不应大于10mm。

② 弯曲管道时，圆弧的顶部应加以限制，并用管卡进行固定，不得出现硬折弯现象，塑料及铝塑管的弯曲半径不宜小于6倍管外径，铜管的弯曲半径不宜小于5倍管外径。

③ 地面下敷设的盘管埋地部分不应有接头。

（4）施工时，严禁施工人员踩踏加热管。

5）室内温控装置及分、集水器的安装

（1）室内温控装置的安装。

室内温控装置的传感器应安装在避开阳光直射和有发热设备且距地1.4m处的内墙面上。

（2）分、集水器的安装。

分、集水器的型号、规格、公称压力及安装位置、高度等应符合设计要求。

7.4.3 低温热水地面辐射供暖系统节能工程质量检验

1. 低温热水地面辐射供暖系统的安装检查

通过观察检查的方式全数检查低温热水地面辐射供暖系统以下内容。

（1）低温热水地面辐射供暖系统的制式是否符合设计要求。

（2）低温热水地面辐射供暖系统的阀门、过滤器、温度计及仪表的安装是否符合设计要求。

（3）低温热水地面辐射供暖系统的室内温度调控装置、热计量装置、水力平衡装置以及热力入口装置的安装位置和方向是否符合设计要求。

（4）低温热水地面辐射供暖系统的温度调控装置和热计量装置安装后，能否实现设计要求的分室（区）温度调控、分栋热计量和分户或分室（区）热量分摊的功能。

2. 低温热水地面辐射供暖系统防潮层和绝热层的施工检查

在防潮层和绝热层隐蔽前观察检查，用钢针刺入绝热层、尺量的方法，按防潮层和绝热层检验批抽查5处，每处检查不少于5点的检查数量检查防潮层和绝热层的做法及绝热层的厚度是否符合设计要求。

3. 低温热水地面辐射供暖系统室内温控装置的传感器的安装检查

按照观察检查、尺量的方法，温控装置按每个检验批抽查10个的检查数量检查室内温控装置的传感器安装是否避开了阳光直射和有发热设备，是否满足距地1.4m处的内墙面上。

7.5 采暖系统调试与节能

调试及试运转是采暖系统安装的最后一个环节，也是检验采暖系统安装质量及节能效果的关键环节。调试及试运转应符合《建筑给水排水及采暖工程施工质量验收规范》（GB 50242）及设计的规定。对于高层建筑采暖系统，调试及试运转应分系统、分区域、分楼层进行。

1. 采暖系统的试压

1）灌水前的检查

（1）根据采暖系统试压或分系统试压的实际情况，检查系统上各类阀门的开、关状态，不得漏检。试压管道阀门全部打开，试验管段与非试验管段连接处应予以隔断。

（2）检查试压用的压力表精度和灵敏度。

2）水压试验

（1）试验压力。

试验压力应符合设计要求。当设计未注明时，应符合下列规定。

① 蒸汽、热水采暖系统，应以系统顶点工作压力加 0.1MPa 做水压试验，同时在系统顶点的试验压力不小于 0.3MPa。

② 高温热水采暖系统，试验压力应为系统顶点工作压力加 0.4MPa。

③ 使用塑料管及复合管的热水采暖系统，应以系统顶点工作压力加 0.2MPa 做水压试验，同时在系统顶点的试验压力不小于 0.4MPa。

④ 合格标准。

使用钢管及复合管的采暖系统应在试验压力下 10min 内压力降不大于 0.02MPa，然后降至工作压力下不渗、不漏为合格。

使用塑料管的采暖系统应在试验压力下 1h 内压力降不大于 0.05MPa，然后降至工作压力的 1.15 倍，稳压 2h，压力降不大于 0.03MPa，同时各连接处不渗、不漏为合格。

（2）系统试压达到合格验收标准后，放掉管道内的全部存水，不合格时应待补修后，再次进行二次试压，直至达到合格验收标准。

（3）系统试压合格后，应对系统进行冲洗并清扫过滤器及除污器。

（4）系统试压合格后，拆除试压连接管路，将入口处供水管用盲板临时封堵严实。

2. 采暖系统的冲洗

通过关闭阀门控制暂不冲洗或已冲洗的管段，凡带旁通管的除污器、过滤器、疏水器等不允许冲洗的附件，应关闭进口阀，打开旁通管；对流量调节阀、流量孔板和分户热计量表、温度计、压力表等，应先拆下来用短管临时接通。

3. 采暖系统的试运行

（1）采暖系统安装完毕后，应在采暖期内与热源进行联合试运转和调试。联合试运转和调试结果应符合设计要求，采暖房间温度相对于设计计算温度不得低于 2℃，且不高于 1℃。

（2）地面辐射供暖系统未经调试，严禁运行使用。地面辐射供暖系统的运行调试，应在具备正常供暖的条件下进行。

（3）地面辐射供暖系统初始加热时，热水升温应平缓，供水温度应控制在比当时环境温度高 10℃左右，且不应高于 32℃，并应连续运行 48h，以后每隔 24h 水温升高 3℃，直至达到设计供水温度，在此温度下应对每组分水器、集水器连接的加热管逐路进行调节，直至达到设计要求。

（4）地面辐射供暖系统的供暖效果，应以房间中央离地 1.5m 处黑球温度计指示的温度作为评价和检测的依据。

本 章 小 结

在采暖系统安装时，应高度重视采暖管道、散热器、低温热水地面辐射供暖系统和系统的调试及试运行中与节能运行相关的施工技术，这是保证采暖系统节能运行的先决条件。

习 题

一、单选题

1. 干管的支架、吊架应朝热位移方向偏离预留( )的收缩量。

A. 1/2　　　　　　B. 1/3　　　　　　C. 1/4　　　　　　　D. 1/5

2. 上供下回式采暖系统立管的正确安装顺序是( )。

A. 从顶层水平干管的预留口开始自上而下安装

B. 从顶层水平干管的预留口开始自下而上安装

C. 从底层水平干管的预留口开始自上而下安装

D. 从底层水平干管的预留口开始自下而上安装

3. 保温材料进场时，见证取样送第三方检测机构，不属于被检测参数的是( )。

A. 导热系数　　　　B. 密度　　　　　C. 吸水率　　　　　D. 强度

4. 保温材料进场时，按照同一厂家同材质的保温材料见证取样送检的次数不得少于( )次的方式见证取样。

A. 1　　　　　　　B. 2　　　　　　　C. 3　　　　　　　D. 4

5. 在散热器恒温阀的安装检查，检验数量正确的是( )。

A. 散热器恒温阀总数的 2%，且不得少于 2 个

B. 散热器恒温阀总数的 3%，且不得少于 3 个

C. 散热器恒温阀总数的 4%，且不得少于 4 个

D. 散热器恒温阀总数的 5%，且不得少于 5 个

6. 不属于采暖系统热力入口装置的安装要求的是( )。

A. 热力入口装置中各种部件的规格、数量应符合设计要求

B. 热计量装置、过滤器、压力表、温度计的安装位置、方向应正确，便于观察、维护

C. 水力平衡装置及各类阀门的安装位置、方向应正确，便于操作和调试。安装完毕后，应根据系统水力平衡要求进行调试并做出标志

D. 散热器支、托架安装位置准确，埋设牢固

7. 下列采暖管道保温层和防潮层的施工不正确的是( )。

A. 保温层应采用不燃或难燃材料，其材质、规格及厚度等应符合设计要求。

B. 保温管壳的粘贴应牢固、铺设应平整；硬质或半硬质的保温管壳每节至少应用防腐金属丝、难腐织带或专用胶带进行捆扎或粘贴 2 道，其间距为 500～550mm，且捆扎、粘贴应紧密，无滑动、松弛及断裂现象

C. 硬质或半硬质保温管壳的拼接缝隙不应大于 5mm，并用粘结材料勾缝填满；纵缝应错开，外层的水平接缝应设在侧下方

D. 松散或软质保温材料应按规定的密度压缩其体积，疏密应均匀；毡类材料在管道上包扎时，搭接处不应有空隙

8. 散热器的安装中不正确的是( )。

A. 散热器支、托架安装位置准确，埋设牢固

B. 散热器背面与墙内表面安装距离，应符合设计。若设计未注明，应为 30mm

C. 注意散热器与支管的连接方式以及散热器的安装形式对散热器散热的影响

D. 散热器外表面应刷金属性涂料

9. 散热器进场时，抽检数量说法正确的是（　　）。

A. 按照同一厂家统一规格的散热器按其数量的 1%，且不得少于 2 组

B. 按照同一厂家统一规格的散热器按其数量的 5%，且不得少于 5 组

C. 散热器按其数量的 1%，且不得少于 2 组

D. 散热器按其数量的 5%，且不得少于 10 组

10. 防潮层和绝热层检验批的抽查要求是（　　）。

A. 2 处，每处检查不少于 2 点　　　　　　B. 3 处，每处检查不少于 3 点

C. 4 处，每处检查不少于 4 点　　　　　　D. 5 处，每处检查不少于 5 点

11. 采暖系统试运行中，下列说法正确的是（　　）。

A. 采暖房间温度相对于设计计算温度不得低于 1℃，且不高于 1℃

B. 采暖房间温度相对于设计计算温度不得低于 2℃，且不高于 1℃

C. 采暖房间温度相对于设计计算温度不得低于 2℃，且不高于 2℃

D. 采暖房间温度相对于设计计算温度不得低于 3℃，且不高于 2℃

12. 地面辐射供暖系统，下列说法正确的是（　　）。

A. 供水温度应控制在比当时环境温度高 10℃左右，且不应高于 32℃，并应连续运行 48h，以后每隔 24h 水温升高 3℃，直至达到设计供水温度

B. 供水温度应控制在比当时环境温度高 15℃左右，且不应高于 40℃，并应连续运行 48h，以后每隔 24h 水温升高 3℃，直至达到设计供水温度

C. 供水温度应控制在比当时环境温度高 10℃左右，且不应高于 32℃，并应连续运行 24h，以后每隔 12h 水温升高 3℃，直至达到设计供水温度

D. 供水温度应控制在比当时环境温度高 15℃左右，且不应高于 40℃，并应连续运行 24h，以后每隔 12h 水温升高 3℃，直至达到设计供水温度

二、多选题

1. 散热器进场后，见证取样送第三方检测机构检测，下列属于检测的参数的是（　　）。

A. 单位散热量　　　B. 金属热强度　　　C. 重量　　　D. 外形尺寸

E. 材质

2. 低温热水地面辐射供暖系统节能工程安装中，加热盘管弯曲说法正确的是（　　）。

A. 塑料管的弯曲半径不宜小于 8 倍管外径

B. 塑料管的弯曲半径不宜小于 6 倍管外径

C. 复合管的弯曲半径不宜小于 5 倍管外径

D. 复合管的弯曲半径不宜小于 3 倍管外径

E. 弯曲半径不得小于 2 倍管外径

3. 采暖系统水压试验时，当设计未注明时，下列说法正确的是（　　）。

A. 蒸汽、热水采暖系统，应以系统顶点工作压力加 0.1MPa 做水压试验，同时在系统顶点的试验压力不小于 0.3MPa

B. 高温热水采暖系统，试验压力应为系统顶点工作压力加 0.4MPa

C. 使用塑料管及复合管的热水采暖系统，应以系统顶点工作压力加 0.2MPa 做水压试验，同时在系统顶点的试验压力不小于 0.4MPa

D. 蒸汽、热水采暖系统，应以系统顶点工作压力加 0.1MPa 做水压试验，同时在系统顶点的试验压力不小于 0.4MPa

E. 高温热水采暖系统，试验压力应为系统顶点工作压力加 0.3MPa

4. 采暖系统水压试压，下列说法正确的是（　　）。

A. 使用钢管及复合管的采暖系统应在试验压力下 10min 内压力降不大于 0.02MPa，然后降至工作压力下，不渗、不漏为合格

B. 使用钢管及复合管的采暖系统应在试验压力下 1h 内压力降不大于 0.02MPa，然后降至工作压力下，不渗、不漏为合格

C. 使用塑料管的采暖系统应在试验压力下 1h 内压力降不大于 0.05MPa，然后降至工作压力的 1.15 倍，稳压 2h，压力降不大于 0.03MPa，同时各连接处不渗、不漏为合格

D. 使用塑料管的采暖系统应在试验压力下 10min 内压力降不大于 0.05MPa，然后降至工作压力的 1.15 倍，稳压 2h，压力降不大于 0.03MPa，同时各连接处不渗、不漏为合格

E. 使用塑料管的采暖系统应在试验压力下 10min 内内压力降不大于 0.02MPa，然后降至工作压力下，不渗、不漏为合格

5. 散热器温控阀安装正确说法的是（　　）。

A. 明装散热器的恒温阀应安装在进水支管上不狭小和封闭的空间里，水平安装

B. 暗装的散热器恒温阀应采用内置式温度传感器

C. 散热器温控阀的室内温度传感器不能被窗台板、窗帘、家具或其他障碍物遮挡

D. 散热器温控阀要能正确反映室内的空气温度

E. 散热器温控阀的可以垂直安装

6. 立管的安装中，下列说法正确的是（　　）。

A. 立管中线是否在同一垂直线

B. 上供下回式的采暖系统，立管应从顶层水平干管的预留口开始自上而下安装

C. 下供上回式的采暖系统，立管应从底层的水平干管的预留口开始自下而上安装

D. 穿楼板的立管应设置套管

E. 镀锌立管连接采用现场焊接

7. 下列属于散热器恒温阀的安装检查内容的是（　　）。

A. 恒温阀的规格、数量是否符合设计要求

B. 明装散热器恒温阀是否满足安装在开敞的空间里

C. 暗装散热器的恒温阀是否采用外置式温度传感器

D. 明装散热器恒温阀阀头是否水平安装，恒温阀阀头是否被散热器、窗帘或其他障碍物遮挡

E. 暗装散热器的恒温阀是否满足安装在空气流通且能正确反映房间温度的位置上

8. 下列不属于散热器的安装检查内容的是（　　）。

A. 通过仪器检查的方法

B. 按散热器组数抽查 5％，不得少于 5 组的检验数量检查

C. 每组散热器的规格、数量及安装方式是否符合设计要求

D. 散热器外表面是否为非金属性涂料。

E. 按散热器组数抽查 10％，不得少于 10 组的检验数量检查

9. 下列属于低温热水地面辐射供暖系统绝热板材铺设要求的是（　　）。

A. 绝热保温板应清洁、无破损，厚度应符合设计要求

B. 绝热保温板的铺设应平整，绝热层相互间接合应严密

C. 房间周围边墙、柱的交接处应设绝热板保温带，其高度要高于细石混凝土回填层

D. 直接与土壤接触或有潮湿气体侵入的地面，在铺放绝热层之前应先铺一层防潮层

E. 绝热板材的伸缩缝应符合设计要求

10. 在低温热水地面辐射供暖系统安装中，不属于加热盘管的切割工具的是（　　）。

A. 切割专用工具　　B. 电焊　　　　　　C. 气焊　　　　　　D. 手工锯

E. 电锯

三、问答题

1. 采暖节能工程施工中，对材料有哪些要求？

2. 采暖节能工程施工中，对作业条件有哪些要求？

3. 采暖系统安装完成要进行哪些内容的检查？

4. 采暖管道保温层和防潮层的施工检查内容有哪些？

5. 低温热水地面辐射供暖系统的安装检查有哪些？

6. 采暖系统试压的压力有哪些要求？

7. 采暖系统试压试运行的要求有哪些？

第8章

通风与空调节能工程

教学目标

　　本章主要介绍通风与空调节能工程施工。通过本章的学习，了解通风与空调节能工程施工的具体内容，学习通风与空调节能工程施工主要材料及设备的选用，掌握通风与空调节能工程施工工艺、施工程序、施工要点及质量验收要求，能根据国家建筑节能施工质量验收规范编制通风与空调节能工程施工方案。

教学要求

分项要求	对应的具体知识与能力要求	权重
了解概念	(1) 通风与空调节能工程施工内容 (2) 通风与空调节能工程主要材料及设备	10%
掌握知识	(1) 通风与空调节能工程各系统施工工艺 (2) 通风与空调节能工程施工程序 (3) 通风与空调节能工程施工质量验收要点	50%
习得能力	(1) 现场指导通风与空调节能施工的能力 (2) 编制通风与空调节能工程施工方案的能力	40%

引 例

随着经济的发展，我国民用、公用及商用建筑通风与空调系统逐渐普及。而通风空调系统是能源消耗大户，由此带来了严重的能耗问题，能源紧张状况必将越发严峻。如果不给予高度重视，不采取坚决有效的节能措施，对我国经济社会的可持续发展将产生严重障碍，对能源安全和大气环境污染造成重大威胁。

8.1 概　　述

8.1.1 我国建筑能耗现状

随着经济、社会的发展以及人民生活水平的提高，我国建筑规模越来越大（图 8.1），通风空调系统的使用也越来越广泛，能源消耗压力也越来越大。作为世界最大的建筑市场，目前我国建筑能耗约占全国总能耗的 30%，是今后节能减排的重点领域之一。我国虽然在 1996 年就颁布实施了新建建筑必须节能 50% 的强制性设计标准，但如今达到此目标的只占同期建筑总量的约 10%，远远低于预期，建筑节能任重道远。

图 8.1　新建房屋建筑图

8.1.2 建筑节能实质上成了采暖通风空调的节能

按照国际通行的分类，建筑能耗是指民用建筑（包括居住建筑和公共建筑以及服务业）使用过程中的能耗，主要包括采暖、空调、通风、热水供应、照明、炊事、家用电器、电梯等方面的能耗。其中采暖通风空调能耗约占 2/3 左右。因此，建筑节能实质上变成了采暖通风空调的节能。

8.1.3 采暖通风空调是造成电力负荷峰谷差最主要的因素

由于空调制冷的普及，2010 年，全国制冷电力高峰负荷达 9000 万 kW，即相当于 5 个三峡电站的满负荷出力；预计到 2020 年，全国制冷电力高峰负荷还要再翻一番，达到约相当于 10 个三峡电站的满负荷出力。因此，电力系统的峰谷差问题将更为严重。

8.1.4 空调节能措施和方法

空调节能的措施和方法很多，涉及范围很广，但主要表现在以下几个方面。
（1）建筑围护结构采用隔热保温性能好的新材料。
（2）准确进行设计计算，进行合理的节能设计。
（3）采用节能型产品和设备，开发新技术。
（4）尽最大范围地使用天然冷、热源，推广地源、水源热泵等空调节能技术。

（5）开发新能源，回收冷量、热量，提高能源利用率。

（6）采用节能施工技术，进一步提高节能效果。

本章将重点讲述通风空调工程节能施工技术。

8.2 通风与空调节能工程常用材料、设备及选用

8.2.1 通风与空调节能工程常用材料及选用

通风与空调工程常用材料主要包括各种板材、型钢、胶粘剂、垫料及绝热材料等。板材一般可分为金属板和非金属板两大类。

1. 金属板

1）普通薄钢板

普通薄钢板由碳素软钢经热轧或冷轧制成。热轧钢板表面为蓝色发光的氧化铁薄膜，性质较硬而脆，加工时易断裂；冷轧钢板表面平整光洁，性质较软，最适于通风空调工程。冷轧钢板钢号一般为 Q195、Q215、Q235。有板材和卷材，常用厚度为 0.5～2mm，板材规格为 750mm×180mm0、900mm×1800mm 及 1000mm×2000mm 等。通风空调节能工程要求薄钢板表面平整、光滑、厚度均匀，允许有紧密的氧化铁薄膜，不能有结疤、裂纹等缺陷。

2）镀锌薄钢板

图 8.2 镀锌薄钢板图

镀锌薄钢板是用普通薄钢板表面镀锌制成，俗称"白铁皮"，如图 8.2 所示。常用的厚度为 0.5～1.5mm，其规格尺寸与普通薄钢板相同。在工程中常用镀锌钢板卷材，对风管的制作非常方便。表面镀锌层起防腐作用，一般不刷油防腐。常用于潮湿环境中的通风空调系统的风管和配件。通风空调节能工程要求镀锌钢板表面镀锌层应均匀和有结晶花纹，无明显氧化层、麻点、粉化、起泡、锈斑、镀锌层脱落等缺陷，钢板镀锌层厚度不小于 0.02mm。

3）塑料复合钢板

塑料复合钢板是在 Q215、Q235 钢板表面喷涂一层厚度为 0.2～0.4mm 的软质或半硬质聚氯乙烯塑料膜制成。它有单面覆层和双面覆层两种。其主要技术性能如下。

（1）耐腐蚀性及耐水性能：可以耐酸、碱油及醇类的侵蚀，耐水性能好。但对有机溶剂的耐腐蚀性差。

（2）绝缘、耐磨性能较好。

（3）剥离强度及深冲性能：塑料膜与钢板间的剥离强度≥0.2MPa。当冲击试验深度不小于 0.5mm 时，复合层不会发生剥离现象；当冷弯 180°时，复合层不分离开裂。

（4）加工性能：具有一般碳素钢板所具有的切断、弯曲、冲洗、钻孔、铆接、咬口及折边等加工性能。加工温度以 20～40℃为最好。

（5）使用温度：可在 10～60℃温度下长期使用；短期可耐温 120℃。

由于塑料复合钢板具有上述性能，因此它常用于防尘要求较高的空调系统和温度在 $-10\sim70℃$ 下耐腐蚀通风系统中。通风空调节能工程要求塑料复合钢板的表面喷涂层应色泽均匀，厚度一致，且表面无起皮、分层或塑料涂层脱落等缺陷。

4）不锈钢板

耐大气腐蚀的镍铬钢叫不锈钢。不锈钢板按其化学成分来分，品种甚多；按其金属组织可分为铁素体钢（Cr_{13} 型）和奥式体钢（18-8 型）。

镍铬不锈钢由于含有大量的铬、镍易于使合金钝化，钢板表面形成致密的 Cr_2O_3 保护膜，因而在很多介质中具有很强的耐腐蚀性。

不锈钢的型号较多，性能各异，其用途也各不相同，因此施工时要核实出厂合格证与设计要求的一致性。

5）铝及铝合金板

铝板具有良好的塑性、导电、导热性能，并且在许多介质中有较高的稳定性。纯铝的产品有退火和冷却硬化两种。退火的塑性较好，强度较低；冷却硬化的塑性较差，而强度较高。

为了改变铝的性能，在铝中加入一种或几种其他元素（如铜、镁、猛、锌等）制成铝合金及铝合金板。

由于铝板具有良好的耐腐蚀性能和在摩擦时不易产生火花，因此它常用于化工环境通风工程的防爆系统。

在通风空调工程中，铝板应采用纯铝板或防锈铝合金板，应有良好的塑性和导电、导热性能及耐酸腐蚀性能，其表面不得有明显的划痕、刮伤、麻点、斑迹和凹穴等缺陷。

2. 非金属板

1）硬聚氯乙烯塑料板

硬聚氯乙烯塑料（硬 PVC）由聚氯乙烯树脂加入稳定剂、增塑剂、填料、着色剂及润滑剂等压制（或压铸）而成。它具有表面平整光滑，耐酸碱腐蚀性强（对各种酸碱类的作用均很稳定，但对于强氧化剂如浓硝酸、发烟硝酸和芳香族碳氢化合物是不稳定的），物理机械性能良好，易于二次加工成型等特点。

硬聚氯乙烯塑料板的厚度一般为 $2\sim40mm$，板宽 700mm，板长 1600mm，拉伸强度为 50MPa（纵横向），弯曲度为 90MPa（纵横向）。

由于硬聚氯乙烯板具有一定的强度和弹性，耐腐蚀性良好，又易于加工成型，所以使用相当广泛。在通风工程中采用硬聚氯乙烯板制作风管和配件，绝大部分是用于输送含有腐蚀性气体的系统。但硬聚氯乙烯板的热稳定性较差，具有一定的适用范围，一般在 $-10\sim60℃$，如果温度再高，其强度反而会下降；而温度过低又会变脆易断。

通风空调工程要求硬聚氯乙烯板表面应平整，无伤痕，不得含有气泡，厚薄均匀，无离层现象。

2）玻璃钢（玻璃纤维增强塑料）

（1）有机玻璃钢是以玻璃纤维制品（如玻璃布）为增强材料，树脂为粘结剂，经过一定的成型工艺制作而成的一种轻质高强度的复合材料。它具有较好的耐腐蚀性、耐火性和成型工艺简单等优点。

玻璃钢的密度为 $1400\sim2200kg/m^3$；抗拉强度为 $157\sim226MPa$（钢为 392MPa）；使用

温度为 90～190℃；导热性为金属的 1/100～1/1000。

由于玻璃钢质轻、强度高、耐热性及耐腐蚀性优良、电绝缘性好及加工成型方便等特点，在纺织、印染、化工等行业，常用于排除腐蚀性气体的通风系统中。

（2）无机玻璃钢是以玻璃纤维为增强材料，无机材料为粘结剂，经过一定的成型工艺制成的不燃材料风管。

根据无机材料的凝结特性，可以分为水硬性与气硬性两种。前者具有较强的抗潮湿性能。

3）复合材料

复合材料是指有两种及以上性能不同材料组合成的新材料。用于风管的复合材料大都是由金属或非金属加上绝热材料所组合的。根据《通风与空调工程施工质量验收规范》（GB 50243）规定，复合材料中的绝热材料必须为不燃或难燃 B1 级，且对人体无危害的材料。

3．垫料和胶粘剂

1）垫料

法兰接口之间要加垫料，以保持接口的密封性。垫料应具有较好的弹性，不吸水、不透气，其厚度应为 3～5mm，空气洁净系统的法兰垫料厚度不能小于 5mm。

常用的垫料有橡胶板（条）、石棉、石棉橡胶板、耐火胶板、耐酸橡胶板、闭孔海绵橡胶板、软聚氯乙烯板和泡沫氯丁橡胶板等。

（1）橡胶板。

橡胶板具有较好的弹性，多用于密封性较高的除尘系统和空调系统做垫料。

（2）石棉橡胶板。

石棉橡胶板用石棉纤维和橡胶材料加工而成，其厚度为 3～5mm，多用作输送高温气体风管的垫料。

（3）耐酸橡胶板。

耐酸橡胶板有较高硬度和中等硬度，它具有耐酸碱性能，适用于输送含有酸碱蒸汽的风管作垫料。

（4）软聚氯乙烯板。

软聚氯乙烯板具有良好的耐腐蚀性能和弹性，它用在输送含有腐蚀性气体的风管中作垫料。

（5）闭孔海绵橡胶板。

它是一种新型的垫料，其表面光滑，内部有细孔，弹性良好，最适宜用于输运易产生凝结水或含有蒸汽的空气风管中作垫料。

（6）泡沫氯丁橡胶板。

它是目前国内外推广使用的新型垫料。它可加工成扁条状，宽度为 20～30mm，厚度为 3～5mm，其一面带胶，用时扯去胶面上的纸条，将其粘贴于法兰上。使用这种垫料，操作方便，密封性好。

（7）密封橡胶条。

它广泛用于空气洁净工程中。根据断面形状有圆形海绵橡胶条、海绵门窗压条、海绵嵌条、包布海绵条、9 字胶条、O 形密封条、U 形防霉条、门胶条等。

2）胶粘剂

洁净空调工程中常用的胶粘剂有：橡胶粘胶剂、环氧树脂粘胶剂、聚乙酸乙烯乳液等。橡胶粘胶剂用于洁净室中高效过滤器、管道、附件等的密封。

4．绝热材料

1）常用的绝热材料

常用的绝热材料有：有机玻璃棉、矿渣棉、珍珠岩、蛭石、聚苯乙烯泡沫塑料、聚氨酯泡沫塑料、泡沫石棉等。

2）绝热材料的选择

绝热材料宜采用成型制品，应具备导热系数小、吸水性小、密度小、强度高，允许使用温度高于设备或管道内热介质的最高运行温度，阻燃、无毒等性能。对于内绝热的材料除上述要求外，还应具有灭菌性能，并且价格合理、施工方便。对于需要经常维护、操作的设备和管道附件，应采用便于拆装的成型绝热结构。

（1）技术性能要求：绝热材料的选择要满足设计文件上的技术参数。

（2）消防规范防火性能的要求：根据工程类别选择不燃或难燃材料，当工程选用绝热材料为难燃材料时必须对其难燃性能进行检验，合格后方可使用。

（3）为了防止电加热器可能引起保温材料的燃烧，电加热器前后800mm风管的绝热必须使用不燃材料。

（4）为了杜绝相邻区域发生火灾而通过风管或管道外的绝热材料成为传递的通道，凡穿越防火隔墙两侧2m范围内风管、水管道的绝热必须使用不燃材料。

（5）绝热材料选择除要符合上述设计参数和消防规范防火性能的要求外，还要注意影响绝热质量的因素。

5．其他附属材料的选用

（1）玻璃丝布不要选择太稀松，经向密度和纬向密度（纱根数/cm）要满足设计要求。

（2）保温钉、胶粘剂等附属材料均应符合防火、环保要求，并要与绝热材料相匹配，不可产生溶蚀。

（3）胶粘剂、防火涂料必须是在保质期内的合格产品。

6．材料进场检验及保管

（1）材料进场时，要严格执行验收标准，检查材料出厂合格证，消防检测报告等资料。

（2）现场可以进行测量的项目（如规格、厚度）按规定数量进行观察抽检，对可燃性进行点燃试验。

（3）绝热主材应放在干燥的场地妥善保管，材料堆放时下面要垫高，码放要整齐，要有防水、防潮、防挤压变形（成型制品）措施。

8.2.2　通风空调节能工程常用设备及选用

1．空调机组

选用空调机组时，应注意机组风量、风压的匹配，选择最佳状态点运行，不宜过分加大风机的风压，风压提高，风机能耗显著增加。应选用漏风量及外形尺寸小的机组。国家标准规定在 700Pa 压强时的漏风量不应大于 3%，目前，很多生产厂家的产品漏风量均在 5% 以上，有的高达 10%。实测证明：漏风量 5%，风机功率增加 16%；漏风量 10%，风机功率增加 33%；漏风量达到 15% 时，风机功率增加 50%。空气输送系数 ATF 为单位风机消耗功率所输送的显热量（kW/kW）。选择机组时应校核和比较 ATF 的大小，选择 ATF 较大的机组。

2. 通风与空调设备

1）设备及附件质量

（1）设备应有装箱清单、设备说明书、产品合格证书和产品性能检测报告等随机文件。进口设备还应具有商检部门检验合格的证明文件。

（2）安装过程中所使用的各类型材、垫料、五金用品应有出厂合格证或有关证明文件。外观检查无严重损伤及锈蚀等缺陷。法兰连接使用的垫料应按照设计要求选用，并满足防火、防潮、耐腐蚀性能的要求。

（3）设备的地脚螺栓的规格、长度，以及平、斜垫铁的厚度、材质和加工精度应满足设备安装要求。

（4）设备安装所采用的减振器或减振垫的规格、材质和单位面积的承载率应符合设计和设备安装要求。

（5）通风机的型号、规格应符合设计规定和要求，其出口方向应正确。

2）进场验收

（1）应按装箱清单核对设备的型号、规格及附件数量。

（2）设备的外形应规则、平直，圆弧形表面应平整无明显偏差，结构应完整，焊缝应饱满，无缺损和孔洞。

（3）金属设备的构件表面应做除锈和防腐处理，外表面的色调应一致，且无明显的划伤、锈斑、伤痕、气泡和剥落现象。

（4）非金属设备的构件材质应符合使用场所的环境要求，表面保护涂层应完整。

（5）通风机运抵现场应进行开箱检查，必须有装箱清单、设备说明书、产品质量合格证书和产品性能检测报告等随机文件，进口设备还应具备商检合格的证明文件。

（6）设备的进出口应封闭良好，随机的零部件应齐全无缺损。

3. 空调制冷系统设备

1）设备及附件质量

（1）制冷设备、制冷附属设备的型号、规格和技术参数必须符合设计要求，并具有产品合格证书、产品性能检验报告。

（2）所采用的管道和焊接材料应符合设计规定，并具有出厂合格证明或质量鉴定文件。

（3）制冷系统的各类阀门必须采用专用产品，并有出厂合格证。

（4）无缝钢管内外表面应无显著锈蚀、裂纹、重皮及凹凸不平等缺陷。

（5）铜管内外壁均应光洁，无疵孔、裂缝、结疤、层裂或气泡等缺陷。管材不应有分层，管子端部应平整无毛刺。铜管在加工、运输、储存过程中应无划伤、压入物、碰伤等缺陷。

（6）管道法兰密封面应光洁，不得有毛刺及径向沟槽，带有凹凸面的法兰应能自然嵌合，凸面的高度不得小于凹槽的深度。

（7）螺栓及螺母的螺纹应完整，无伤痕、毛刺、残断丝等缺陷。螺栓与螺母应配合良好，无松动或卡涩现象。

（8）非金属垫片，如石棉橡胶板、橡胶板等应质地柔韧，无老化变质或分层现象，表面不应有折损、皱纹等缺陷。

2）进场验收

（1）根据设备装箱清单说明书、合格证、检验记录和必要的装配图及其他技术文件，核对型号、规格以及全部零件、部件、附属材料和专用工具。

（2）检查主体和零、部件等表面有无缺损和锈蚀等情况。

（3）设备充填的保护气体应无泄露，油封应完好。开箱检查后，设备应采取保护措施，不宜过早或任意拆除，以免设备受损。

8.3　空调风系统节能工程

8.3.1　无法兰风管制作

1. 无法兰风管工艺制作流程

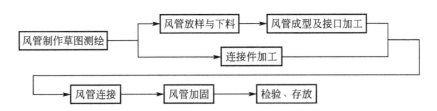

2. 操作要点

（1）圆形风管的无法兰连接应符合设计要求，设计无明确要求时，可根据实际情况按表 8-1 中的规定确定。

表 8-1　圆形风管无法兰连接形式

无法兰连接形式		附件板厚（mm）	接口要求	使用范围
承插连接		—	插入深度≥30mm，有密封要求	低压风管，直径＜700mm
带加强筋承插		—	插入深度≥20mm，有密封要求	中、低压风管

无法兰连接形式		附件板厚 (mm)	接口要求	使用范围
角钢 加固 承插		—	插入深度≥ 20mm,有密封要求	中、低压风管
芯管 连接		≥管板厚	插入深度≥ 20mm,有密封要求	中、低压风管
立筋 抱箍 连接		≥管板厚	翻边与楞筋匹配一 致,紧固严密	中、低压风管
抱箍 连接		≥管板厚	对口尽量靠近不重 叠,抱箍应居中	中、低压风管,抱 箍宽度≥100mm

(2)矩形风管的无法兰连接应符合设计要求,设计无明确要求时,可根据实际情况按表8-2中的规定确定。

表8-2 矩形风管无法兰连接形式

无法兰连接形式		附件板厚(mm)	使用范围
S形插条		≥0.7	低压风管单独使用时,连 接处必须有固定措施
C形插条		≥0.7	中、低压风管
立插条		≥0.7	中、低压风管
立咬口		≥0.7	中、低压风管
包边立 咬口		≥0.7	中、低压风管

无法兰连接形式		附件板厚(mm)	使用范围
薄钢板 法兰插条	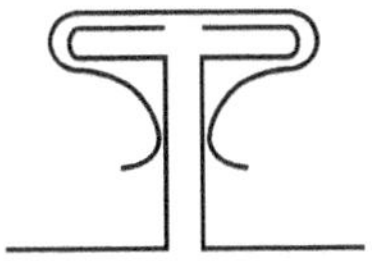	≥1.0	中、低压风管
薄钢板法 兰弹簧夹		≥1.0	中、低压风管
直角形 平插条	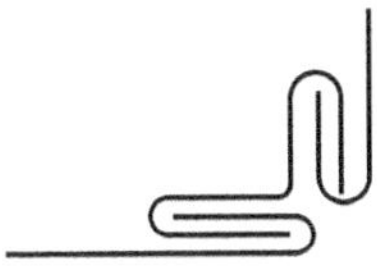	≥0.7	低压风管
立联合角形 插条	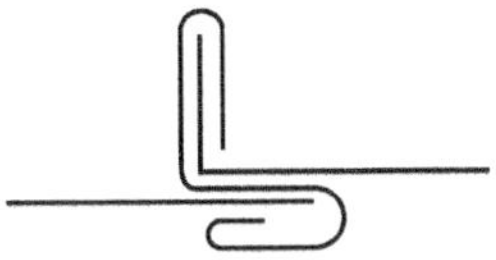	≥0.8	低压风管

注：薄钢板法兰风管也可采用铆接法兰条连接的方法。

3. 无法兰风管的连接方式

1) 承插连接

（1）直接承插连接。

应顺气流流向承插，制作风管时应使风管一端直径比另一端略大，承插后用拉铆钉或自攻螺钉固定两节风管连接位置。拉铆钉或自攻螺钉数量可根据风管直径按表 8-3 的规定确定。连接后接口缝内或外沿用密封胶或铝箔密封胶带封闭缝口，如图 8.3(a) 所示。

（2）芯管承插连接。

芯管承插连接适用于中、低压圆形风管和椭圆形风管。芯管板厚应等于风管板厚，芯管在两根风管内的插入深度应不小于20mm，且符合表 8-4 的规定。用拉铆钉或自攻螺钉将风管与芯管固定后，使用密封胶或铝箔密封胶带封闭缝口，如图 8.3(b)所示。

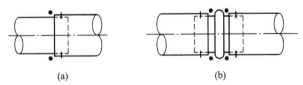

(a)   (b)

图 8.3 承插连接的密封位置图

注：图中"●"点处为密封位置。

表 8-3　圆形风管的芯管连接

风管直径 D(mm)	芯管长度 L(mm)	自攻螺丝或抽芯 铆钉数量(个)	外径允许偏差(mm)	
			圆管	芯管
120	120	3×2	−1～0	−3～−4
300	160	4×2		
400	200	4×2	−2～0	−4～−5
700	200	6×2		
900	200	8×2		
1000	200	8×2		

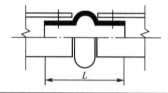

2）插条连接

（1）C 形插条连接。

C 形插条连接适用于风管长边尺寸不大于 630mm 的中、低压矩形风管。插条制作应使后安装的两条垂直连接缝插条的两端带有 20～40mm 折耳，安装后使折耳翻压 90°，盖压在另两根插条的端头，形成插条四角定位固定。连接缝需封闭时，可参照图 8.4(a)，使用密封胶或铝箔密封胶带封闭。

（2）S 形插条连接。

S 形插条连接适用于风管长边尺寸不大于 630mm 的低压矩形风管。利用中间连接件 S 形插条，将要连接的两根风管的管端分别插入插条的两面槽内，四角折耳翻压定位固定同 C 形插条。矩形风管两组对边可分别采用 C 形和 S 形插条，一般是上下边（大边）使用 S 形插条，左右（小边）使用 C 形插条。当单独使用 S 形插条时应使用拉铆钉、自攻螺钉与风管壁固定。连接缝需封闭时，可参照图 8.4(b)。

（3）直角型插条连接。

直角型插条适用于风管长边尺寸不大于 630mm 的低压主干管与支管连接。利用 C 形插条从中间外弯 90°作连接件，插入矩形风管主管平面与支管管端形成连接。主管平面开洞，洞边四周翻边 180°，翻边后净留孔尺寸应等于所连接支管的断面尺寸；支管管端翻边 180°，翻边宽度均应不小于 8mm。安装时先插入与支管边长相等的两侧插条，再插入另外两侧留有折耳的插条（插入前在插条端部 90°角线处剪出等于折边长的开口），将长出部分折成 90°压封在支管先装的两侧插条的端部。咬合完毕后应封闭四角缝口，连接缝需封闭时，可参考图 8.4(c)。

3）咬口连接

（1）立咬口连接。

风管立咬口适用于风管长边尺寸不大于 1000mm 的中、低压矩形风管连接。连接缝一侧风管四个边折成一个 90°立边，另一侧折两个 90°成 Z 形。连接时，将两侧风管立边贴合，然后将 Z 形外折边翻压到另一侧立边背后，压紧后每间隔 150～200mm 用铆钉铆接固定。合口时四角应各加上一个边长不小于 60mm 的 90°贴角，并与立咬口铆接固定，贴角板厚度应不小于风管板厚。咬合完毕后应封闭四角缝口，连接缝需封闭时，可参照图 8.4(d)。

（2）包边立咬口连接。

包边立咬口适用于中、低压矩形风管连接。连接缝两侧风管的四个边均翻成垂直立边，利用公用包边将连接缝两侧风管垂直立边合在一起并用铆钉铆固，铆钉间隔 150～200mm。风管四角 90°贴角处理和接缝的封闭同立咬口。

（3）立联合角插条连接。

立联合角插条连接适用于风管长边尺寸不大于 1250mm 的矩形低压风管。制作风管时，应使带立边的风管端口长、宽尺寸稍大于平插口尺寸。利用立咬平插条，将矩形风管连接两个端口，分别采用立咬口和平插的方式连在一起，风管四角立咬口处加 90°贴角。平插及立咬口的连接处，以及贴角与立咬口结合处均用铆钉固定，铆接间距 150～200mm。平插处一对垂直插条的两头应有长出另两侧风管面 20～40mm 的折耳，压倒在平齐风管面的两根平插条上。咬合完毕后应封闭四角缝口，连接缝需封闭时，可参照图 8.4(e)。

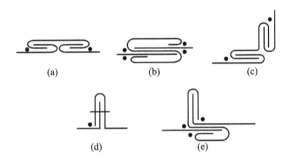

(a) (b) (c)

(d) (e)

图 8.4 矩形风管无法兰连接的密封位置

注：图"●"点处为密封位置。

4）无法兰连接的质量要求

（1）风管的接口及连接件尺寸准确，形状规则，接口处严密。

（2）薄钢板法兰的折边平直，弯曲度不大于 5/1000，弹簧夹、顶丝卡与薄钢板法兰匹配。

（3）插条与风管插口的宽度一致，允许偏差为 2mm。

8.3.2 法兰风管制作

1. 法兰风管工艺制作流程

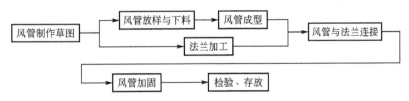

2. 角钢法兰连接金属风管制作要求

（1）制作风管的板材厚度见表 8-4。

表 8-4 钢板风管板材的厚度(mm)

类别\n风管直径 D 或长边尺寸 b	圆形风管	矩形风管		除尘系统风管
		中、低压系统	高压系统	
D(b)≤320	0.5	0.5	0.75	1.5
320<D(b)≤450	0.6	0.6	0.75	1.5
450<D(b)≤630	0.75	0.6	0.75	2.0
630<D(b)≤1000	0.75	0.75	1.00	2.0
1000<D(b)≤1250	1.0	1.0	1.00	2.0
1250<D(b)≤2000	1.2	1.0	1.20	按设计
2000<D(b)≤4000	按设计	1.2	按设计	

注：1. 螺旋风管的钢板厚度可适当减小 10%～15%。

2. 排烟系统风管钢板厚度可按高压系统取值。

3. 特殊除尘系统风管钢板厚度应符合设计要求。

4. 不适用于地下人防与防火隔墙的预埋管。

(2)根据现场实测和设计要求绘制风管加工图，板材的放样、下料要尺寸准确，切边平直。

(3)风管与配件的制作：咬口紧密、宽度一致；折角平直、圆弧均匀；两端面平行；板材拼接的咬口缝要错开；无明显扭曲与翘角。

(4)角钢法兰的制作：下料前对已拼装的风管口径进行测量，调直角钢，在 12mm 以上的钢板上拼缝；法兰对角线允许偏差为 3mm，法兰平面度的允许偏差为 2mm。

(5)风管与角钢法兰采用翻边铆接，翻边宽度可以为 6mm 保持翻边平整、宽度一致、紧贴法兰、牢固铆接。

(6)中、低压系统风管法兰的螺栓及铆钉孔的间距要在 150mm 以内，高压系统和洁净空调系统的风管不大于 100mm；矩形风管法兰的四角应设螺栓孔。

3. 其他风管配件制作

(1)沿垂直方向连接主管道的支风管，在连接处宜顺气流侧单边采用 45°斜角。

(2)风管的变径应做成渐扩或渐缩形，并保证每边扩大收缩角度在 30°以内。

(3)风管改变方向、变径及分路时，不应过多使用矩形箱式管件代替弯头、渐扩管、三通等管件；必须使用分配气流的静压箱时，其断面风速不宜大于 1.5m/s。

8.3.3 金属风管的加固

(1)对于直径大于等于 800mm，且其管段长度不大于 1250mm 或表面积大于 4m² 的圆形风管(不包括螺旋风管)，需进行加固处理；矩形风管长边大于 630mm，保温风管长边大于 800mm，管段长度大于 1250mm 或低压风管单边平面积大于 1.2m²，中、高压风管单边平面积大于 1.0m²，均要进行加固处理。

(2)采用楞筋、立筋、角钢(内、外加固)、扁钢、加固筋的管内支撑等加固形式，如图 8.5 所示。

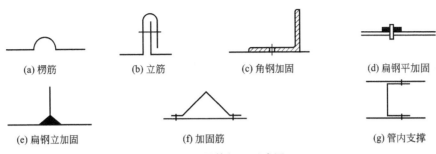

图 8.5　风管加固形式图

（3）对于长度大于 1250mm 的中压和高压系统风管的管段要进行加固框补强；高压系统金属风管的单咬口缝，还应有防止咬口缝胀裂的加固或补强措施。

（4）角钢、加固筋的间距在 220mm 以内，两相交处连接成一体；管内支撑与风管的固定应牢固，各支撑点之间或与风管的边沿或法兰的间距不大于 950mm。

8.3.4　风管系统安装

1）工艺流程

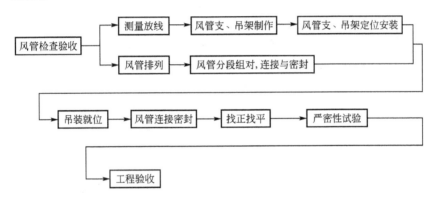

2）风管连接的密封

（1）风管连接的密封材料应满足系统功能技术条件，对风管的材质无不良影响，并具有良好的气密性。风管法兰垫料的燃烧性能和耐热性能应符合表 8-5 的规定。

表 8-5　风管法兰垫料燃烧性能和耐热性能

种类	燃烧性能	主要基材耐热性能（℃）	种类	燃烧性能	主要基材耐热性能（℃）
玻璃纤维类	不燃 A 级	300	丁腈橡胶类	难燃 B1 级	120
氯丁橡胶类	难燃 B1 级	100	聚氯乙烯	难燃 B1 级	100
异丁基橡胶类	难燃 B1 级	80			

（2）风管法兰垫料的使用。

① 法兰垫料厚度宜为 3～5mm。

② 输送温度低于 70℃ 的空气，可用橡胶板、闭孔海绵橡胶板、密封胶带或其他闭孔弹性材料。

③ 防、排烟系统或输送温度高于 70℃ 的空气或烟气，应采用耐热橡胶板或不燃的耐

温、防火材料。

（3）密封垫料应减少拼接，接头连接应采用梯形或榫形方式，如图 8.6 所示。

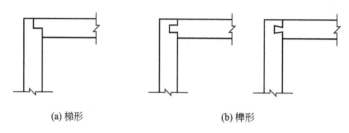

(a) 梯形　　　　　　　　　　　　(b) 榫形

图 8.6　法兰密封垫片接头形式图

（4）非金属风管采用 PVC 或铝合金插条法兰连接，应对四角和漏风缝隙处进行密封处理。

8.3.5　风管严密性检查

1）漏光法检测

（1）通常采用分段检测、汇总分析的方法进行系统风管的检测，一般以阀件作为分段点。在严格安装质量管理的基础上，系统风管的检测以总管和干管为主。

（2）合格标准。根据规定要求低压系统风管每 10m 的漏光点不应超过两处，且每 100m 的平均漏光点不应超过 16 处；中央系统风管每 10m 的漏光点不应超过 1 处，且每 100m 的平均漏光点不应超过 8 处。

2）漏风量测试

（1）对于低压风管系统漏光法检测不合格时，按规定的抽检率做漏风量测试。

（2）对于中压风管系统在漏光法检测合格后，对系统进行漏风量测试抽检，抽检率为 20%，且不得少于 1 个系统。

（3）对于高压风管系统须全数进行漏风量测试。

（4）合格标准。矩形风管系统在相应工作压力下，单位面积单位时间内的允许漏风量 $[m^3/(h \cdot m^2)]$ 计算公式分别如下。

① 低压系统 $Q_L \leqslant 0.1056P^{0.65}$。

② 中压系统 $Q_M \leqslant 0.0352P^{0.65}$。

③ 高压系统 $Q_H \leqslant 0.0117P^{0.65}$。

注：P 为风管系统的工作压强(Pa)。

低压、中压圆形金属风管、复合材料风管以及采用非法兰形式的非金属风管的允许漏风量，为矩形风管规定值的 50%。砖、混凝土风道的允许漏风量不应大于矩形低压系统风管规定值的 1.5 倍。排烟、除尘、低温送风系统按中压系统风管的规定，1~5 级净化空调系统按高压系统风管的规定。

8.3.6　风管保温施工

1）施工流程

隐检 → 领料 → 保温材料下料 → 粘保温钉、涂胶粘剂 → 铺覆保温材料 → 保护层安装 → 检验

2）施工方法

（1）保温材料裁切。保温材料下料要准确，切割面要平齐，在裁料时要使水平、垂直面搭接处以短面两头顶在大面上。

（2）保温钉粘接与保温材料铺覆。

① 粘结保温钉前要将风管壁上的尘土、油污擦净，将粘结剂分别涂抹在管壁和保温钉的粘接面上，稍后再将其粘上，如图 8.7 所示。

② 矩形风管及设备保温钉密度应均匀分布，底面不少于 16 个/m^2，侧面不少于 10 个/m^2，顶面不少于 6 个/m^2。保温钉粘上后应停 12～24h 后再铺覆保温材料。

③ 保温材料铺覆应使纵、横缝错开。小块保温材料应尽量铺覆在水平面上。

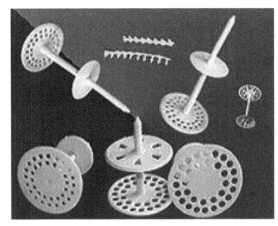

图 8.7　保温钉粘贴图

（3）各类保温材料做法。

① 内保温。若采用岩棉类保温材料，铺覆后应在法兰处保温材料面上涂抹固定胶，防止纤维被吹起。施工时需要在岩棉内表面涂有固化涂层。

② 聚苯板类外保温。聚苯板铺好后，在四角放上铁皮短包角，然后用薄钢带作箍，用打包钳卡紧。钢带箍每隔 500mm 打一道。

③ 岩棉类外保温。对明管保温后应在四角加上长条铁皮包角，用玻璃丝布缠紧。

（4）缠玻璃丝布。需进行搭接形式缠绕，使保温材料外表形成两层玻璃丝布缠绕。玻璃丝布甩头要用卡子卡牢或用胶粘牢。

（5）外壳防护。玻璃丝布外表面要刷二道防火涂料，涂层应严密均匀；室外明露风道在保温层外还应加上一层铁皮外壳，外壳间的搭接处采取拉铆固定，搭接缝用腻子密封。

8.4　空调水系统节能工程

8.4.1　施工工艺

1. 施工工艺流程

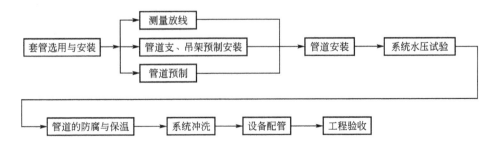

2. 操作要点

1）焊接连接的管道预制、安装

（1）对于切割后的钢管，需要对管子进行打磨处理，管切断面倾斜不得超过 1/4 管壁厚度。

（2）管道焊口的组对和坡口形式规定：对口的平整度为 1%，全长不大于 10mm；进行机械坡口加工时，保持管道端面应与管道轴线垂直；坡口表面不得有裂纹、锈蚀、毛刺等。

（3）焊接材料的品种、规格和性能应符合设计要求。

（4）焊接质量应符合现行国家标准《现场设备、工业管道焊接工程施工规范》（GB 50236—2010）的规定。

2）丝接管道预制、安装

（1）丝接钢管采用机械切割，断丝或缺丝不应大于螺纹全扣数的 10%，螺纹的有效长度允许偏差一扣。

（2）填料采用细麻丝加铅油或聚四氟乙烯生料带，缠绕时应顺螺纹紧缠 3～4 层，填料不得挤入管内。

（3）管件紧固后，需要对外露螺纹上的填料进行处理，镀锌钢管的外露螺纹应涂防锈漆。

（4）镀锌钢管和钢塑复合管严禁焊接。

3）法兰连接的管道预制、安装

（1）法兰与管道连接，确保法兰端面应与管道中心线垂直；螺栓孔径和个数应相同，螺栓孔应对齐，即压力等级一样。

（2）法兰垫片应封闭，垫片只能放一片，且不得有褶皱、裂纹或厚薄不均。若需要拼接时，其接缝应采用迷宫式的对接方式。

4）卡箍连接的管道预制、安装

（1）管道采用机械切割。切割断面应与管道的中心线垂直，规定允许偏差为：管径不大于 100m 时，偏差不大于 1mm；管径大于 125mm 时，偏差不大于 1.5mm。

（2）实地测量后下料。连接管段的长度应是管段两端口净长度减去 6～8mm，在每个连接口间保持 3～4mm 的间隙。

（3）管道接头平口端环形沟槽须采用专用滚槽机加工成型。

（4）组成卡箍接头的卡箍件、橡胶密封圈、紧固件应由生产接头的厂家配套供应，橡胶密封圈的材质根据介质的性质和温度确定。

5）管道与设备的连接

（1）连接前管道要进行冲洗。与水泵等动力设备连接，应在二次灌浆后，基础混凝土强度达到 75% 和精校后进行。

（2）管道与设备的连接采用柔性接头，柔性接头不得强行对口连接，与其连接的管道应设置独立的支架。

（3）水泵吸水管如果是变径管，应采用顶平偏心大小头。

（4）管道与设备连接后，严禁进行焊接或气割；当需要时，应点焊后拆下管道进行焊接（或采取必要措施），防止焊渣、氧化铁进入设备内。

6）冷冻水管道与支、吊架安装

（1）冷冻水管道与支、吊架之间应设置绝热衬垫（承压强度能满足管道重力的不燃、难燃硬质绝热材料或经防腐处理的木衬垫）。

（2）其厚度不应小于绝热层厚度，宽度应大于支、吊架支撑面宽度。

（3）冷冻水管道与支、吊架之间若不能设置绝热衬垫，应在支架中间设隔热衬垫，衬垫上部与管道一起保温，保温层应连续、密实。

7）阀门安装

（1）安装时，根据介质流向确定阀门安装方向，选择便于检修处理的位置进行安装。吊顶内设有阀门，应设检修孔。

（2）阀门安装前，对于工作压强大于 1.0MPa 及安装于主干管上起切断作用的阀门，应逐个做强度和严密性试验，不符合试验要求的严禁使用。

（3）阀门应在关闭状态下安装。将压力降至额定工作压强，稳压 30min，检查系统各管道接口、阀件等附属配件，不渗漏便为合格。

8.4.2　空调水管道保温

（1）采用橡塑作保温材料时，胶粘剂要分别涂在管壁和保温材料粘结面上，根据气温条件按规定静放后再覆盖保温材料，然后将所有结合缝用专用胶粘结严密，外面再用专用胶带粘贴；采用玻璃棉等管壳作保温材料时，用镀锌铁丝将其捆紧，铁丝间距一般为 300～350mm，每根管壳至少捆扎两处。

（2）水平管道保温管壳纵向接缝应在侧面；垂直管道一般是自下而上施工，管壳纵横接缝要错开。

（3）管件及管道附件保温处理。

① 管道弯头、三通处绝热要将材料根据管径割成 45°斜角，对拼成 90°角，或将绝热材料按虾米弯头下料对拼。

② 三通处的绝热一般先做主干管后做支管。主干管和开口处的间隙要用碎绝热材料塞严并密封。

③ 阀门、法兰、管道端部等部位的绝热一般采用可拆卸式结构，以便维修和更换。

（4）交叉管道的保温。管道交叉时，两根管道均需绝热但距离又不够，应先保低温管道，后保高温管道。低温管绝热时要仔细认真，尤其是和高温管交叉的部位要用整节管壳，纵向接缝要放在上面，管壳的纵、横向接缝要用胶带密封，不得有间隙。高温管和低温管相接处的间隙用保温碎料塞严，并用胶带密封。其中只有一根管道需绝热时，为防止热桥产生，可将不需绝热的管道在与绝热的管道交叉处两侧延伸 200～300mm 进行绝热处理。

（5）管道绝热层采用硬质绝热材料（瓦块、管壳），瓦块厚度允许偏差±5mm，瓦块拼接时接缝要错开，其间隙用石棉灰填补。在绝热瓦块外用 16 号镀锌钢丝将瓦块捆紧，钢丝间距一般为 200mm，每块瓦绑扎不少于两处。弯头处要在两端留伸缩缝，内填石棉绳。管壳外用 16 号镀锌钢丝将管壳捆紧，每根管壳绑扎不少于两处。弯头绝热时，如没有异形管壳应按弯头的外形尺寸将管壳切割成虾米腰状的小块进行拼接，每节捆扎一道；捆扎钢丝时应将钢丝嵌入绝热层，如不能嵌入绝热层，应紧靠绝热层。

（6）松散或软质保温材料使用时要根据其密度进行体积的压缩。疏密应均匀；毡类材料在管道上包扎时，搭接处不应有空隙。

（7）管道穿窗、楼板和墙体处的绝热层应连续不间断，且绝热层与套管之间应用不燃材料填实，不得有空隙。

(8) 防潮层施工。

① 防潮层应紧贴在隔热层上且封闭良好，厚度松紧均匀，无气泡、褶皱、裂缝等缺陷。

② 立管的防潮层应由管道低端向高端敷设，环向搭接缝朝向低端，纵向搭接缝位于管道的侧面并错开。

③ 卷材防潮层采用螺旋形缠绕的方式施工时，卷材的搭接宽度宜为 30～50mm。

④ 油毡纸防潮层可用包卷的方式包扎，搭接宽度宜为 50～60mm，油毡接口朝下，并用沥青玛碲脂密封，每 300mm 扎镀锌铁丝一道。

(9) 保护层施工。

① 当用玻璃丝布缠裹，垂直管应自下而上、水平管则应从最低点向最高点进行，开始应缠裹两圈后再呈螺旋状缠裹，搭接宽度应为 1/2 布宽，起点和终点应用胶粘剂粘接或镀锌钢丝捆扎。应缠裹严密、搭接宽度均匀一致，无松脱、翻边、褶皱和鼓包，表面应平整。

② 玻璃丝布刷涂料或油漆刷涂前应清除管道表面上的尘土、油污。

③ 用金属材料做保护层时，宜采用镀锌钢板或薄铝合金板。当采用普通钢板时，其里外表必须涂敷防锈涂料。立管应自上而下，水平管应从管道低处向高处进行，使横向搭接缝口朝顺坡方向。纵向搭缝应放在管子两侧，缝口朝下。如采用平搭缝，其搭缝宜为 30～40mm。有防潮层的保温不得使用自攻螺栓，以免刺破防潮层，保护层端头应封闭。

8.5 通风空调设备节能工程

8.5.1 风机安装

1. 施工工艺流程

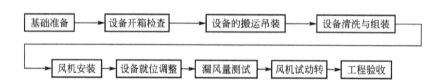

2. 操作要点

1) 基础准备

(1) 安装前，根据设计图纸、产品样本或设备实物对设备基础的尺寸、标高、坐标、表面平整度、混凝土强度、预留尺寸、预埋件或地脚螺栓进行全面检查，并填写验收记录。

(2) 就位前根据设计图纸和建筑物的轴线、边缘线及标高线放设备安装的基准线。

2) 设备开箱检查

风机开箱检查时，首先应根据设计图纸核对名称、型号、机号、传动方式、旋转方向和风口位置六部分。通风机符合设计要求后，再对通风机进行下列检查。

(1) 根据设备装箱单，核对叶轮、机壳和其他部位(如地脚螺栓孔中心距、进、排风口法兰孔径和方位，以及中心距、轴的中心标高等)的主要尺寸是否符合设计要求。

(2) 叶轮旋转方向应符合设备技术文件规定。

(3) 进、排风口应有盖板严密遮盖，防止尘土和杂物进入。

（4）检查风机外露部分各加工面的防锈情况及转子是否发生明显的变形或严重锈蚀、碰伤等，如有上述情况，应会同有关单位研究处理。

（5）检查通风机叶轮和进气短管的间隙，用手拨动叶轮，旋转时叶轮不应和进气短管相碰。

3）设备的搬运和吊装

通风机应按设计图纸要求，安装在混凝土基础上、通风机平台上或墙、柱的支架上。由于通风机连同电动机较重，因此，在平台上或较高的基础上安装时，可用滑轮或倒链进行吊装。设备的搬运和吊装应注意下列事项。

（1）整体安装的风机，绳索不能捆缚在转子和机壳或轴承盖的吊环上。绳索应固定在风机轴承箱的两个受力环上或电机的受力环上，以及机壳侧面的法兰圆孔上。

（2）与机壳边接触的绳索，在棱角处应垫好软物，防止绳索受力被棱边切断。特别是现场组装的风机，绳索捆缚不能损伤机件表面、转子、轴颈和轴衬等处。

（3）输送特殊介质的通风机转子和机壳内涂敷的保护层，应严加保护，不能损坏。

4）设备清洗与组装

（1）风机设备安装前，应将轴承、传动部位及调节机构进行拆卸、清洗，装配后使其转动，调节灵活。

（2）用煤油或汽油清洗轴承时严禁吸烟或用火，以防发生火灾。

5）风机安装

（1）风机设备安装就位前，按设计图纸并依据建筑物的轴线、边线及标高线放出安装基准线。将设备基础表面的油污、泥土杂物和地脚螺栓预留孔内的杂物清除干净。

（2）整体安装的风机，搬运和吊装的绳索不得捆缚在转子和机壳或轴承盖的吊环上。

（3）整体安装风机吊装时直接放置在基础上，用垫铁找平找正，垫铁一般应放在地脚螺栓两侧，斜垫铁必须成对使用。设备安装好后同一组垫铁应点焊在一起，以免受力时松动。

（4）风机安装在无减震器支架上，应垫上 4~5mm 厚的橡胶板，找平找正后固定牢。

（5）风机安装在有减振器的机座上时，地面要平整，各组减振器承受的荷载压缩量应均匀，不偏心，安装后采取保护措施，防止损坏。

（6）通风机的机轴必须保持水平，风机与电动机用联轴器连接时，两轴中心线应在同一直线上。

（7）通风机与电动机用三角皮带传动时进行找正，以保证电动机与通风机的轴线互相平行。三角皮带拉紧程度一般可用手敲打已装好的皮带中间，以稍有弹跳为准。

（8）通风机与电动机安装皮带轮时，操作者应紧密配合，防止将手碰伤。挂皮带时，不要把手指伸入皮带轮内，防止发生事故。

（9）风机与电动机的传动装置外露部分应安装防护罩，风机的吸入口或吸入管直通大气时，应加装保护网或其安全装置。

（10）通风机出风口应顺叶轮旋转方向接弯管。在现场条件允许的情况下，应保证出风口至弯管的距离大于或等于风口出口长边尺寸 1.5~2.5 倍，如果现场条件受限达不到要求，应在弯管内设导流叶片弥补。

（11）现场组装的风机，绳索的捆缚不得损伤机件表面，转子、轴颈和轴封等处均不应作为捆缚部位。

（12）输送特殊介质的通风机转子和机壳内的保护层，应严加保护、不得损坏。

(13) 大型轴流风机组装，叶轮与机壳的间隙应均匀分布，并符合设备技术文件要求。

(14) 通风机附属的自控设备和观测仪器。仪表安装，应按设计技术文件规定执行。

6) 设备就位调整

(1) 设备置于基础上后，根据已确定的定位基准面、线或点，对设备进行找正、调平。复检时也不得改变原来测量的位置。

(2) 组合式空调机组在安装前先复查各组合段与设计图纸是否相符，各段体内所安装的设备、部件是否完整无损，配件应安装齐全。

(3) 分段组装的组合式空调机组安装时，因各段连接部位螺栓孔大小、位置均相同，故须注意各段的排列顺序必须与图纸相符，安装前对各功能段进行编号，不得将各段位置排错，空调机组分左式和右式。

(4) 对于有表冷段空调机组组装时应从空调设备上的一端开始，逐一将各段体抬上基座校正位置后加衬垫，将相邻的两段用螺栓连接严密牢固。

(5) 对于有喷淋段的空调机组组装时，首先安装喷淋段，再组装两侧的其他功能段。

(6) 空调机组与供、回水管的连接应正确，且应符合产品技术说明的要求。

(7) 密闭检查门及门框应平正、牢固，无滴漏，开关灵活；凝结水的引流管（槽）畅通，冷凝水排放管应有水封，与外管路连接应正确。

(8) 组合式空调机组各功能段之间的连接应严密，连接完毕后无漏风、渗水、凝结水排放不畅或外溢等现象出现，检查门开启应灵活。

7) 漏风量测试

对现场组装的空调机组应做漏风量测试，其漏风量标准如下。

(1) 空调机组静压为700Pa时，通风率应不大于3%。

(2) 用于空气净化系统的机组，静压应为1000Pa，当室内洁净度小于1000级时，漏风率应不大于2%。

(3) 洁净度不小于1000级时，漏风率应不大于1%。

8) 风机试运行

经过全面检查手动盘车，供应电源相序正确后方可送电试运转，运转前必须加上适度的润滑油；检查各项安全措施；叶轮旋转方向必须正确；在额定转速下试运转时间不得少于2h。运转后，再检查风机减振基础有无移位和损坏现象，做好记录。

8.5.2 组合式空调机组安装

1. 工艺流程

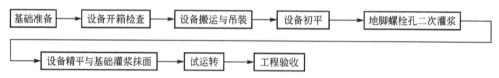

2. 操作要点

1) 开箱检查

(1) 开箱检查应在有关人员参与下进行，如实详细填写设备开箱检验记录并由各方签字，如有缺损或与要求不符的情况出现，应及时由厂家更换。

（2）开箱检查的内容如下。

① 开箱前检查箱号、箱数以及包装情况。

② 认真核对设备的名称、型号、规格和数量。

③ 核对装箱清单、设备技术文件、资料及专用工具。

④ 设备及附件应有无缺损、表面锈蚀、变形、装错等现象。

⑤ 手动盘车，检查叶轮与外壳有无擦碰、摩擦。

2）基础制作及验收

（1）组合式空调机组的基础应采用混凝土平台，基础的长度及宽度应按照设备的外形尺寸两侧各加 100mm，基础的位置、标高应符合设计要求，并考虑凝结水水封的高度及管道安装坡度。

（2）设备就位前，应按施工图和建筑物的轴线或边缘线及标高线，放出安装的基准线。

（3）互相有连接、衔接或排列关系的设备，应划定共同的安装基准线。必要时，应按设备的具体要求，埋设一般的或永久性的中心标板或基准点。

（4）组合式空调机组不宜直接落地安装，如设计无混凝土基础时，应采用型钢制作设备基础。组合式空调机组如图 8.8 所示。

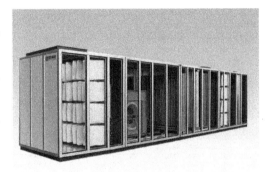

图 8.8　组合式空调机组图

3．设备现场运输

（1）大型设备的现场运输应按施工方案的要求进行，未经审批不得修改施工方案。

（2）设备水平运输时尽量使用小拖车，如使用滚杠经采用保护措施，防止设备磕碰。

（3）设备垂直运输时，对于裸装设备应在其吊耳或主梁上固定吊绳，整装设备根据受力点选好固定位置将吊绳稳固在外包装上起吊，吊装时应采取措施，保证人员及设备的安全。

4．设备单机调试

（1）设备单机调试前，应对设备机房及设备内部进行清理。机房内清扫干净，不得留有杂物，避免开机时被机组吸入。机组内部应无残留的杂物，并清扫干净。

（2）单机调试前，电源应连接好，且符合《建筑电气工程施工质量验收规范》（GB 50303)的有关要求。

（3）单机调试的内容主要是设备内风机的调试，风机调试详见《通风机安装施工工艺标准》中关于风机试运转及验收的规定。

（4）除进行风机试运转外，还应对空调机组内冷凝水进行通水试验，以及冷热水管道的水压试验。

（5）现场组装的组合式空调机组应进行漏风检测，漏风检测可按《金属风管及部件安装工艺标准》中"风管路严密性检验"的相关要求进行。

8.5.3　整体式空调机组安装

整体式空调机组(图 8.9)是将制冷压缩冷凝机组、蒸发器、通风机、加热器、加湿器、

图 8.9 整体式空调机组图

空气过滤器及自动调节和电气控制装置等组装在一个箱体内。制冷量的范围一般为6978～116300W。空调机组采用直接蒸发式表面冷却器和电极加湿器。电加热器安装在箱体内或送风管道内。制冷量的调节是根据空调房间的温、湿度变化，分别控制制冷压缩机的运行缸数或用电磁阀控制蒸发器制冷剂的流入量。空气加热除采用电加热或蒸汽、热水加热器。部分空调机组还具有调节换向阀，使制冷系统转变为热泵运转，达到空气加热的目的。

1. 整体式空调机组分类

整体式空调机组按用途分为恒温恒湿空调机组(即 H 型)和一般空调机组(即 L 型)。恒温恒湿空调机组又可分为一般空调机组和机房专用空调机组。机房专用空调机组用于电子计算机机房、程控电话机房等场合。按照冷凝器冷却介质又可分为风冷型和水冷型。

2. 安装准备

整体式空调机组安装前，应认真熟悉施工图纸、设备说明书及有关的技术文件。根据设备装箱清单，会同建设单位对制冷设备零件、部件、附属材料及专用工具的规格、数量进行点查，并做好记录。制冷设备充有保护性气体时，应检查压力表的指示值，确定有无泄漏情况。

3. 安装步骤

(1) 机组安装时，直接安放在混凝土的基座上，根据要求也可在基座上垫橡胶板，以减少机组运转时的振动。

(2) 机组安装的坐标位置应正确，并对机组找平找正。

(3) 要按设计或设备说明书要求的流程，对水冷式机组冷凝器的冷却水管进行连接。

(4) 机组的电气装置及自动调节仪表的接线，应参照电气、自控平面图敷设电管、穿线，并参照设备技术文件接线。

8.5.4 分体式空调机组安装

1. 空调机组的组成

分体式空调机组由室内机、室外机以及连接管道和电缆线组成。室内机可分挂墙式、吊顶式、吸顶式、落地式、柜式等。

2. 安装要求

(1) 室内、外机组的位置要选择适当，安装人员要与用户一起勘察现场，进行选择。室内外机组均要安装在无日光照射、远离热源的地方。

(2) 要保证室内外机组周围有足够的空间，以保证气流通畅和便于检修。

(3) 室内机组既要考虑安装方便又要美化环境，且使气流合理，保证通风良好。

（4）在不影响上述要求的基础上，安装位置要选在管路短、高差小，且易于操作检修的地方。

（5）室外机组的位置不在地面或楼顶平面而须悬挂在墙壁上时，应制作牢固可靠的支架。

（6）室外机组的出风口不应对准强风吹送的方向，也不应在前面有障碍物造成气流短路。

（7）一切标准备件、工具、材料应准备齐全，符合要求。

（8）现场操作要按技术要求进行，动作准确、迅速，管的连接要保证接头清洁和密封良好，电气线路要保证连接无误。安装完毕要多次检漏和线路复查，确认无误后方可通电试运转。

（9）制冷剂管路超过原机管路长度时应加设延长管，并按规定补充制冷剂。

（10）管路连接后一定要将系统内空气排净（空气清洗）。

3．施工要点

（1）位置应选择在室内、外机组尽量靠近，便于安装、操作和维修的部位，室内机组位置选择应使气流组织合理，并考虑装饰效果；室外机组要避免太阳直射，排风通畅，正面不要面向强风处。

（2）配管安装。采用机组原配管时，打开连接管两端护盖后，须立即与机组连接，不应搁置。连接室内外机组的制冷剂管的长度要在规定的范围之内，配管长度与室内外机组的安装高差按机组名义制冷量确定。名义制冷量（即铭牌上的冷量）在4000W以下的机组，机组高差应不大于15m，单程管长应不大于20m；4000～8000W的机组，机组高差应不大于20m，单程管长应不大于30m；8000～15000W的机组，机组高差应不大于30m，单程管长应不大于40～45m。铭牌制冷量的确定是以连接管单程长度为5m作基准的，当单程水平管长超过5m时，阻力损失增大，制冷能力将下降；管长越长，制冷能力下降越多。若室内机组高于室外机组不超过5m，单程制冷剂管的等效长度为10m、15m、20m和25m时，实际制冷能力分别为名义制冷量的0.965倍、0.950倍、0.930倍、0.910倍。单程等效长度直管为实际长度，弯管为弯管长度及存油弯长度之和。为避免制冷量下降，单程制冷剂管长度超过5m时，应根据机组的制冷量大小和连接管的延长程度，适当补充制冷剂，补充多少根据厂家产品说明。

连接管应尽量减少弯曲，必须弯曲时，弯曲角度应≥90°。通常采用DN10和DN16的高低压管路，最多弯曲10次，曲率半径应在40mm以上；当采用DN12和DN20的高低压管路时最多弯曲15次，曲率半径应在60mm以上，加工弯管时，应注意不要压扁和损坏管道。

安装时，排水管置于制冷剂管的下方；排水管的高度应低于接水盘的放水口，沿水流方向应有不小于1%的坡度；接水盘下端的排水弯头和短接管应采用钢管，并加保温。雨天进行室外接管时，应注意防止雨水进入管中。

连接管过墙时应加保护套管；墙洞要稍向户外倾斜；安装完毕后，应该用油灰将管与墙洞间缝隙封死。管道加工过程中切勿压坏铜管，气体管路和液体管路不可接反。

管道连接采用快速接头法：一次性接头连接两个本体时，装在室内机上的一个内藏薄片密封；焊接在连接管上的一个内藏锋利刃具。两本体接合时，用两把扳手进行紧固，旋至一定程度，刃具将薄膜片削出一个圆洞，便形成制冷剂的流动通道，继续拧紧接头螺母，直至两本体内的密封圈紧密贴合，便可密封，防止制冷剂泄漏。

多次性接头采用弹簧阀式，两个接头本体未接合前，在各自内藏的弹簧作用下处于密闭状态。当两个接头本体对接并拧紧结合螺母时，两本体内的弹簧皆被压缩，并且一个本体内的固定顶杆将把另一本体内的移动式托架阀门顶开，从而形成制冷剂的流动通道。拧结合螺母时，动作要快，直到把螺母拧紧为止，务必使接头的金属密封圈压紧，以防制冷剂泄漏。

（3）充填制冷剂要求。充注氟利昂 22 时，要将制冷剂钢瓶直立充入气体，不可将制冷剂钢瓶倒置（充入液体有发生液击的危险）。

（4）切勿用氧气瓶进行抽真空，否则会发生爆炸。用氧气代替氮气进行充压试验也是绝对不允许的，否则将会带来严重的后果。

（5）制冷剂管的保温与包扎，机组原配制冷剂管通常都已用保温套管做好保温层。自做保温层时，宜采用合适的保温套管，并应注意以下两点。

① 高低压管要各自单独保温，然后才可与导线、放水管一起包扎。

② 管子与压缩机，管子与管子之间的接头部分一定要有厚保温毡（垫）加以包裹，然后外面再用胶带包扎。

8.5.5 风管盘机安装

1. 工艺流程

预检 → 施工准备 → 电机检查试转 → 表冷器水压检验 → 吊架制作安装 →

风机盘管安装（或诱导器安装）→ 连接配管 → 检验

2. 操作要点

（1）风机盘管在安装前应检查每台电机壳体及表面交换器有无损伤、锈蚀等缺陷。

（2）风机盘管和诱导器应每台进行通电试验检查，机械部分不得摩擦，电气部分不得漏电。

（3）风机盘管和诱导器应逐台进行水压试验，试验强度应为工作压强的 1.5 倍，定压后观察 2～3min 不渗不漏。

（4）卧式吊装风机盘管和诱导器，吊架安装应平整牢固，位置正确。吊杆不应自由摆动。吊杆与托盘相连应用双螺母紧固找平找正。

（5）诱导器安装前必须逐台进行质量检查，检查项目如下。

① 各连接部分不能松动、变形和产生破裂等情况，喷嘴不能脱落、堵塞。

② 静压箱封头处缝隙密封材料，不能有裂痕和脱落；一次风调节阀必须灵活可靠，并调到全开位置。

（6）诱导器经检查合格后按设计要求的型号就位安装，并检查喷嘴型号是否正确。

① 暗装卧式诱导器应由支、吊架固定，并便于拆卸和维修。

② 诱导器与一次风管连接处应严密，防止漏风。

③ 诱导器水管接头和回风面朝向应符合设计要求。立式双面回风诱导器为利于回风，靠墙一面应留 50mm 以上空间。卧式双回风诱导器，要保证靠楼板一面留有足够空间。

（7）冷热媒水管与风机盘管、诱导器连接采用钢管或紫铜管如图 8.10 所示，接管应平直。紧固时应用扳手卡住六方接头，以防损坏铜管。凝结水管宜软性连接，软管长度不大于30m，材质宜用透明胶管，并用喉箍紧固严禁渗漏，坡度应正确、凝结水应畅通地流到指定位置，水盘无积水现象。

图 8.10 风机盘管接管图

（8）风机盘管、诱导器同冷热媒管连接，应在管道系统中冲洗排污后再连接，以防堵塞热交换器。

（9）暗装的卧式风机盘管、吊顶应留有活动检查门，便于机组能整体拆卸和维修。

8.5.6 热回收装置安装

（1）转轮式热回收装置(图 8.11)安装的位置、转轮旋转方向及接管应正确，运转应平稳。

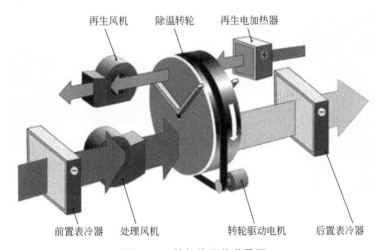

图 8.11 转轮热回收装置图

（2）排风系统中的排风热回收装置的进、排风管的连接应正确、严密、可靠，室外进、排风口的安装位置、高度及水平距离应符合设计要求。

8.6 空调与通风系统调试与检测

8.6.1 空调系统的试验与调试

1. 空调系统的试验与调试流程

准备工作 → 电气设备及其主回路的检查与测试 → 空调设备及附属设备的试运转 → 冷冻水和冷却水系统的试运转 → 风机性能及系统风量的测量与调整 → 空调器性能的测定与调整 → 室内气流组织的测定与调整 → 自动调节性能的试验与调整 → 系统综合效果测定、资料整理分析

2. 空调设备试运转要求

（1）风机叶轮旋转方向应正确、运转平稳、无异常振动和声响，电机运行功率应符合产品说明书的规定，在额定转速下连续运行 2h 后，滑动轴承外壳最高温度不得超过 70℃，滚动轴承不得超过 80℃。

（2）水泵叶轮旋转方向应正确，无异常振动和声响，坚固连接部位不应松动，电机运转功率应符合产品说明书的规定。连续运转 2h 后，轴承外壳温度滑动轴承应低于 70℃，滚动轴承应低于 75℃。

（3）冷却塔安装应稳定、牢固，无异常振动，其噪声应符合冷却塔产品说明书的技术要求，其中风机试运转应按上述(1)条的要求进行。冷却水系统循环试运行应不少于 2h，运行应无异常情况。

（4）制冷机组、空调机组的试运转，应符合产品说明书及国家标准《制冷设备、空气分离设备安装工程施工及验收规范》（GB 50274）的规定要求，正常运转时间应不少于 8h。

（5）防火、防排烟风阀（口）的手动、电动操作应灵活、可靠，信号输出应正确。

8.6.2 通风空调工程的调试

通风空调工程调试的具体过程根据其调试的阶段性，包括设备单机试运转、系统联动试运转、无生产负荷联合试运转、带生产负荷系统综合效能调试。

1. 设备单机试运转

空调通风系统的主要设备有风机、空调末端设备、主机、水泵等。这些设备在系统调试前都要进行单体调试。期间的质量控制主要在于检查设备电路系统有无故障、电路绝缘效果、设备运行情况、测定设备运行的相关参数、设备基础连接情况等。如风机的单体调试，首先检查风机经机械调整、转动部分经手动盘车无异常，系统的阀门在全开位置，电气设备及其主回路测定正常，具备风机启动的条件。之后进行风机运转与调试，开动风机检查转向，测量风机满负荷时定子的电流值，风机运转 2h 后的温升，测定风机进出口的全压、静压、动压、风机的转速等。测出的数据填入有关表格中，比较风机实测风量与设计风量的偏差(应在 10% 以内)。

2. 系统联动试运转

系统联动试运转是在单体试运转和风管漏风试验合格后进行。主要检验系统中各类设备、部件的协调和平衡。如无异常可进行系统调试。

3. 无生产负荷联合试运转

在调试前，督促施工单位对测量仪表的精确度进行检查，确定其精密等级要高于被测的参数等级。系统测试的合格标准要与规范要求标准相符合。如风口风量的测定有很多种方法。如果风口位置在外、种类多、形状不一时，且测定数据要求不是很精密，则采用风口法。如果风口风量需较高精确的测量数据，则可采用辅助风管法。又如，防排烟系统近年来已成为空调通风系统测试的重点，其测定的区域一般在电梯间前室、安全楼梯及小室。按《通风与空调工程施工质量验收规范》（GB 50243）的规定，宜采用烟雾模拟法，且应先整改后调试，并要求其测量参数必须满足安全要求。本阶段的数据直接反映应系统的性能好坏，对于调试所发生的故障，要究其原因、及时改进并记录。对不能达到设计参数的，应进行调整，使各项参数达到设计要求。

4. 带生产负荷系统综合效能调试

无生产负荷系统调试完毕后，进行带生产负荷的综合效能测定。带生产负荷的综合效能测定的内容较多，如按一般舒适性空调系统，则包括回风口空气状态参数的测定与调整、空调机组的性能参数调试、室内噪声的测定、室内空气温湿度测定、气流速度的测定等。如为恒温恒湿系统则多出静压的测试、空调机组功能段调试、气流组织测定等项目。

8.6.3 空调水系统调试

1. 空调水系统调试顺序

（1）检查各变风量空调器、新风机组和风机盘管，看托盘内是否有异物，如有，则应先把其清理干净。

（2）关闭进水管路上的各种阀门，通过盘车看转动是否灵活，检查水泵运转情况，转向是否正确。

（3）启动补水泵或直接利用自来水供水，一般按照水流方向进行正向补水，然后根据系统设置情况，先将分水器上控制一个系统的主阀门打开，看主阀门至走廊楼层控制阀这一段有无漏水情况，如有的话应把水放掉进行修复；然后打开楼层控制阀，看控制阀至内机盘管进、回水支管上阀门段有无漏水现象，如有的话应把水放掉进行修复，再打开风机盘管进回支管上阀门，看整个楼层的管道通水情况有无渗漏，如有渗漏，应尽快做好标记，然后关闭阀门，放水重新修复后再试，直到系统不漏水为止。然后依次打开其安系统的阀门，逐个系统检查。

（4）系统灌满水无渗漏后，便可测试系统大循环水泵的流量、扬程等是否达到了设计要求，运行半小时后，打开总回水管上过滤器，取下滤网，清除脏物。

（5）水泵和主机联动，先启动循环水泵，再开启主机，达到设计温度以后，开启各个风机盘管，用手拧开风机盘管上手动放气阀，放掉积存的空气，并清理风机盘管进水管上过滤器的脏物，看风机盘管的制冷效果。

（6）在整个系统运行后，查看风机盘管托盘的凝结水，看排水是否畅通，如有积水则应检查管路，重新调整坡度。

2. 调试中常见问题处理

（1）调试过程中最常出现的问题主要是漏和堵。系统漏水，既影响使用，又造成资源的浪费。漏水量过大，系统补水的频率和流量也随之增大，这样就造成水资源和电资源的浪费。解决这个问题的关键是严把安装阶段的质量关。首先，管道与管件、管道与设备之间的连接不严都是造成漏水的主要因素；其次，管材的检查和施工作业必须规范化。在螺纹的套制、填料的缠绕、垫片的制作、螺纹和法兰螺栓的拧紧程度上，都要严格遵守操作规程。

（2）堵是影响空调使用效果最主要的因素之一，堵又分气堵和脏堵。

① 气堵主要是由于管道积气，局部形成气囊，造成水流不畅和流量减少。造成这种

原因主要是管道安装时不注意坡度，另外管道在绕梁时形成 U 现象，或者由于装修等其他原因造成风机盘管标高提高，结果支管比走廊主管高等。预防的主要措施是在每层的主管最高处设一个自动排气阀，并尽量减少绕梁现象；另外，初次使用时打开风机盘管上的手动放气阀，将盘管内积存的空气放掉。

② 脏堵最容易发生在盘管进水支管上或者楼层主管最末端，因此，在盘管的进水支管上一般都装有过滤器。当发现风机盘管使用效果不佳时，先查看有无气堵现象，排除了以后再关掉盘管进、回水支管上的阀门，打开过滤器，清除脏物。发生在主管末端的堵塞一般不容易查出，当空调效果不佳时，可拧开风机盘管手动放气阀，如不出水，且过滤器又无脏东西时，一般就是这种情况。这时要把楼层主阀门关掉，将主管最末一段管道疏通或换掉。造成脏堵的主要原因是施工时不注意管道的清洁度，将焊渣、泥土、杂物等带入了管道。因此，安装前一定要清理管子内部，尤其是在进行外管网安装时更要注意。同时在管网投运前要做好系统的吹扫清洗工作，尽可能把隐患消除在投运之前。

当然，影响中央空调使用效果的因素很多，除漏堵等因素外，还有诸如主机选型过小，造成制冷、制热量达不到要求，冷却塔与主机不配套，降温效果不行等，但就安装单位而言，最主要还是应该注意这两点，以期达到理想的效果。

8.6.4 冷水机组的调试

1. 调试准备

（1）试压检漏。用干燥空气压缩加压至1MPa，保压24h。为方便检漏，在压缩空气中加入适量 R22，再用电子卤素仪对各连接点进行检测。

（2）压缩机转向的确定。采用点启动来判断转向；当压缩机转向与要求相反时，可调换电源相线中的二相线来满足要求。

（3）加冷冻油。先对系统抽真空达到一定的真空度，然后将系统油路中引出的管子放进油箱的油中，打开管路阀门，冷冻油就被吸入系统了。

（4）抽真空。抽真空有两种方法，一是利用制冷机组本身的压缩机进行；二是利用真空泵来完成。

（5）加液。在真空达到负 0.01MPa 时，关闭真空吸出阀与冷凝器后膨胀阀前的加液阀，然后用耐压软管将系统修理阀和制冷剂钢瓶连接成一体，打开制冷剂瓶口阀，排出软管中空气，旋紧软管与加液阀的接口，将制冷剂瓶倒置，利用真空度将制冷剂加入系统。

当系统制冷剂压力与瓶内压力达到平衡时，可开动制冷机组。逐步关闭冷暖器出口阀，关闭修理阀将蒸发器中制冷剂抽放到冷凝器中，形成一定的真空度，慢慢增大修理阀开度，缓缓加液。随着制冷剂数量的增加，应调节能量调节阀，以达到系统所需的压缩机输出功率要求。

2. 调试要求

冷水机组的调试就是把装置运行参数调整到所需的范围，从而使冷水机组的工作既能满足设计要求，又能安全经济地运行。

调试过程中要求将运行主要参数：蒸发压力、蒸发温度、冷凝压力、冷凝温度、压缩机的吸气和排气温度、膨胀阀前制冷剂温度调整到合理的范围。

3．调试步骤

（1）关闭水泵出口阀，开启电动机。

（2）当电机正常运转时，打开出口阀。

（3）开动冷却塔风机。

（4）启动冷媒水系统。

① 打开机组蒸发器上冷媒水进出口阀。

② 关闭水泵出口阀，开动电机。

③ 待电机正常运转时，打开出口。

（5）启动压缩机。

① 启动油泵。

② 开动压缩机，测量压缩机的吸气温度 15℃，排气温度 45℃。

③ 调节能量调节阀，使得压缩机吸气压为 0.5MPa，排气压为 1.5MPa。

④ 调节油泵出口压力，油泵出口与压缩机气体处口压差在 0.15～0.33MPa 之间。

（6）调节膨胀阀，蒸发温度为 5℃，蒸发压力为 0.5MPa（表压）；蒸发器中冷媒水温度达到 7℃左右；冷凝温度为 38℃，制冷剂冷凝压为 1.5MPa（表压）。

（7）打开房间风机盘管风机，调整风速，测量出口温度。

8.7　通风与空调节能工程施工质量标准与验收

通风与空调系统节能工程的验收，可按系统、楼层等进行，并应符合相应内容的规定。

8.7.1　主控项目

（1）通风与空调系统节能工程所使用的设备、管道、阀门、仪表、绝热材料等产品进场时，应按设计要求对其类型、材质、规格及外观等进行验收，并应对下列产品的技术性能参数进行核查。验收与核查的结果应经监理工程师（建设单位代表）检查认可，并形成相应的验收、核查记录。各种产品和设备的质量证明文件和相关技术资料应齐全，并应符合有关国家现行标准和规定。

① 组合式空调机组、柜式空调机组、新风机组、单元式空调机组、热回收装置等设备的冷量、热量、风量、风压、功率及额定热回收效率。

② 风机的风量、风压、功率及其单位风量耗功率。

③ 成品风管的技术性能参数。

④ 自控阀门与仪表的技术性能参数。

检验方法：观察检查；技术资料和性能检测报告等质量证明文件与实物核对。

检查数量：全数检查。

（2）风机盘管机组和绝热材料进场时，应对其下列技术性能参数进行复验，复验应为见证取样送检。

① 风机盘管机组的供冷量、供热量、风量、出口静压、噪声及功率。

② 绝热材料的导热系数、密度、吸水率。

检验方法：现场随机抽样送检；核查复验报告。

检查数量：同一厂家的风机盘管机组按数量复验 2%，但不得少于 2 台；同一厂家同材质的绝热材料复验次数不得少于 2 次。

(3) 通风与空调节能工程中的送、排风系统及空调风系统、空调水系统的安装，应符合下列规定。

① 各系统的制式，应符合设计要求。

② 各种设备、自控阀门与仪表应按设计要求安装齐全，不得随意增减和更换。

③ 水系统各分支管路水力平衡装置、温控装置与仪表的安装位置、方向应符合设计要求，并便于观察、操作和调试。

④ 空调系统应能实现设计要求的分室(区)温度调控功能。对设计要求分栋、分区或分户(室)冷、热计量的建筑物，空调系统应能实现相应的计量功能。

检验方法：观察检查。

检查数量：全数检查。

(4) 风管的制作与安装应符合下列规定。

① 风管的材质、断面尺寸及厚度应符合设计要求。

② 风管与部件、风管与土建及风管间的连接应严密、牢固。

③ 风管的严密性及风管系统的严密性检验和漏风量，应符合设计要求或现行国家标准《通风与空调工程施工质量验收规范》(GB 50243—2002)的有关规定。

④ 需要绝热的风管与金属支架的接触处、复合风管及需要绝热的非金属风管的连接和内部支撑加固等处，应有防热桥的措施，并应符合设计要求。

检验方法：观察、尺量检查；核查风管及风管系统严密性检验记录。

检查数量：按数量抽查 10%，且不得少于 1 个系统。

(5) 组合式空调机组、柜式空调机组、新风机组、单元式空调机组的安装应符合下列规定。

① 各种空调机组的规格、数量应符合设计要求。

② 安装位置和方向应正确，且与风管、送风静压箱、回风箱的连接应严密可靠。

③ 现场组装的组合式空调机组各功能段之间连接应严密，并应做漏风量的检测，其漏风量应符合现行国家标准《组合式空调机组》(GB/T 14294—2008)的规定。

④ 机组内的空气热交换器翅片和空气过滤器应清洁、完好，且安装位置和方向必须正确，并便于维护和清理。当设计未注明过滤器的阻力时，应满足粗效过滤器的初阻力≤50Pa(粒径≥5.0μm，效率：80%>E≥20%)；中效过滤器的初阻力≤80Pa(粒径≥1.0μm，效率：70%>E≥20%)的要求。

检验方法：观察检查；核查漏风量测试记录。

检查数量：按同类产品的数量抽查 20%，且不得少于 1 台。

(6) 风机盘管机组的安装应符合下列规定。

① 规格、数量应符合设计要求。

② 位置、高度、方向应正确，并便于维护、保养。

③ 机组与风管、回风箱及风口的连接应严密、可靠。

④ 空气过滤器的安装应便于拆卸和清理。

检验方法：观察检查。

检查数量：按总数抽查10％，且不得少于5台。

（7）通风与空调系统中风机的安装应符合下列规定。

① 规格、数量应符合设计要求。

② 安装位置及进、出口方向应正确，与风管的连接应严密、可靠。

检验方法：观察检查。

检查数量：全数检查。

（8）带热回收功能的双向换气装置和集中排风系统中的排风热回收装置的安装应符合下列规定。

① 规格、数量及安装位置应符合设计要求。

② 进、排风管的连接应正确、严密、可靠。

③ 室外进、排风口的安装位置、高度及水平距离应符合设计要求。

检验方法：观察检查。

检查数量：按总数抽检20％，且不得少于1台。

（9）空调机组回水管上的电动两通调节阀、风机盘管机组回水管上的电动两通（调节）阀、空调冷热水系统中的水力平衡阀、冷（热）量计量装置等自控阀门与仪表的安装应符合下列规定。

① 规格、数量应符合设计要求。

② 方向应正确，位置应便于操作和观察。

检验方法：观察检查。

检查数量：按类型数量抽查10％，且均不得少于1个。

（10）空调风管系统及部件的绝热层和防潮层施工应符合下列规定。

① 绝热层应采用不燃或难燃材料，其材质、规格及厚度等应符合设计要求。

② 绝热层与风管、部件及设备应紧密贴合，无裂缝、空隙等缺陷，且纵、横向的接缝应错开。

③ 绝热层表面应平整，当采用卷材或板材时，其厚度允许偏差为5mm；采用涂抹或其他方式时，其厚度允许偏差为10mm。

④ 风管法兰部位绝热层的厚度，不应低于风管绝热层厚度的80％。

⑤ 风管穿楼板和穿墙处的绝热层应连续不间断。

⑥ 防潮层（包括绝热层的端部）应完整，且封闭良好，其搭接缝应顺水。

⑦ 带有防潮层隔汽层绝热材料的拼缝处，应用胶带封严，粘胶带的宽度不应小于50mm。

⑧ 风管系统部件的绝热，不得影响其操作功能。

检验方法：观察检查；用钢针刺入绝热层、尺量检查。

检查数量：管道按轴线长度抽查10％；风管穿楼板和穿墙处及阀门等配件抽查10％，且不得少于2个。

（11）空调水系统管道及配件的绝热层和防潮层施工，应符合下列规定。

① 绝热层应采用不燃或难燃材料，其材质、规格及厚度等应符合设计要求。

② 绝热管壳的粘贴应牢固，铺设应平整；硬质或半硬质的绝热管壳每节至少应用防腐金属丝或难腐织带或专用胶带进行捆扎或粘贴 2 道，其间距为 300～350mm，且捆扎、粘贴应紧密，无滑动、松弛与断裂现象。

③ 硬质或半硬质绝热管壳的拼接缝隙，保温时不应大于 5mm、保冷时不应大于 2mm，并用粘结材料勾缝填满；纵缝应错开，外层的水平接缝应设在侧下方。

④ 松散或软质保温材料应按规定的密度压缩其体积，疏密应均匀；毡类材料在管道上包扎时，搭接处不应有空隙。

⑤ 防潮层与绝热层应结合紧密，封闭良好，不得有虚粘、气泡、皱褶、裂缝等缺陷。

⑥ 防潮层的立管应由管道的低端向高端敷设，环向搭接缝应朝向低端；纵向搭接缝应位于管道的侧面，并顺水。

⑦ 卷材防潮层采用螺旋形缠绕的方式施工时，卷材的搭接宽度宜为 30～50mm。

⑧ 空调冷热水管穿楼板和穿墙处的绝热层应连续不间断，且绝热层与穿楼板和穿墙处的套管之间应用不燃材料填实，不得有空隙，套管两端应进行密封封堵。

⑨ 管道阀门、过滤器及法兰部位的绝热结构应能单独拆卸，且不得影响其操作功能。

检验方法：观察检查；用钢针刺入绝热层、尺量检查。

检查数量：按数量抽查 10％，且绝热层不得少于 10 段、防潮层不得少于 10m、阀门等配件不得少于 5 个。

(12) 空调水系统的冷热水管道与支、吊架之间应设置绝热衬垫，其厚度不应小于绝热层厚度，宽度应大于支、吊架支承面的宽度。衬垫的表面应平整，衬垫与绝热材料之间应填实无空隙。

检验方法：观察、尺量检查。

检查数量：按数量抽检 5％，且不得少于 5 处。

(13) 通风与空调系统应随施工进度对与节能有关的隐蔽部位或内容进行验收，并应有详细的文字记录和必要的图像资料。

检验方法：观察检查；核查隐蔽工程验收记录。

检查数量：全数检查。

(14) 通风与空调系统安装完毕，应进行通风机和空调机组等设备的单机试运转和调试，并应进行系统的风量平衡调试。单机试运转和调试结果应符合设计要求；系统的总风量与设计风量的允许偏差不应大于 10％，风口的风量与设计风量的允许偏差不应大于 15％。

检验方法：观察检查；核查试运转和调试记录。

检查数量：全数检查。

8.7.2 一般项目

(1) 空气风幕机的规格、数量、安装位置和方向应正确，纵向垂直度和横向水平度的偏差均不应大于 2/1000。

检验方法：观察检查。

检查数量：按总数量抽查 10％，且不得少于 1 台。

（2）变风量末端装置与风管连接前宜做动作试验，确认运行正常后再封口。

检验方法：观察检查。

检查数量：按总数量抽查10％，且不得少于2台。

通风与空调工程节能施工是建筑节能工程施工的重要组成部分，施工过程中首先选择通风与空调工程节能施工材料、设备及附件，这是节能施工的前提，其次要按照通风与空调工程节能施工工艺进行施工操作，最后按照国家相关节能施工质量验收规范验收及检测调试。本章重点介绍通风与空调节能工程材料、设备及附件的选择，风系统、水系统及通风空调设备的节能施工工艺，也介绍了通风与空调工程系统调试与检测及节能施工质量验收，这些对指导通风与空调节能工程施工都具有重要意义。

习　题

一、单选题

1. 下列可用于防爆通风系统的风管板材有（　　）。

A. 普通薄钢板　　　　　　　　　　B. 镀锌薄钢板

C. 铝及铝合金板　　　　　　　　　D. 不锈钢板

2. 下列哪种风管板材俗称"白铁皮"？（　　）

A. 玻璃钢板　　　　　　　　　　　B. 镀锌薄钢板

C. 不锈钢板　　　　　　　　　　　D. 铝板

3. 输送温度高于70℃的空气或烟气风管法兰垫片宜选用（　　）。

A. 闭孔海绵橡胶板　　　　　　　　B. 密封胶带

C. 普通橡胶板　　　　　　　　　　D. 耐热橡胶板

4. 钢管采用螺纹连接时，螺纹断丝或缺丝数不应大于螺纹丝扣总数的（　　）。

A. 5％　　　　　B. 10％　　　　　C. 15％　　　　　D. 20％

5. 风机、水泵安装完成进行调试检测时，滑动轴承温度不应高于（　　）℃。

A. 60　　　　　　B. 70　　　　　　C. 75　　　　　　D. 80

二、多选题

1. 从节能角度考虑，空调机组在选择时应考虑下列哪些因素？（　　）

A. 价格　　　　B. 外形尺寸　　　　C. 漏风量　　　　D. 风机功耗

E. 机组制冷量

2. 通风与空调工程中选用绝热材料时，应考虑绝热材料的性能参数有（　　）。

A. 导热系数　　B. 吸水性　　　　C. 密度　　　　　D. 强度

E. 电阻

3. 关于风机盘管施工安装，下列说法正确的是（　　）。

A. 风机盘管应逐台进行水压试验，试验强度应为工作压强的1.5倍，定压后观察2～3min不渗不漏

B. 风机盘管安装不像空调机组那样分左式和右式

C. 风机盘管的安装方式可分为卧式、挂式、嵌入式等

D. 卧式吊装风机盘管，吊架安装应平整牢固，位置正确。吊杆不应自由摆动。吊杆与托盘相连应用双螺母紧固找平正

E. 风机盘管和水管连接时不需要软连接

4. 下列关于空调的节能措施正确的是（　　）。

A. 夏季尽量采用较高的室内设计温度　　B. 冬季尽量采用较低的室内设计温度

C. 从排风中回收能量　　D. 尽量增加房间的新风量

E. 采用变频新技术

5. 下列属于风管连接方式的有（　　）。

A. 法兰连接　　　　B. 咬口连接　　　　C. 热熔连接　　　　D. 焊接

E. 螺纹连接

三、名词解释

1. 冷桥

2. 气堵

3. 风机盘管

4. 热泵机组

四、问答题

1. 通风与空调工程风管严密性检查的标准是什么？

2. 通风与空调工程风管系统安装的工艺流程是什么？

3. 空调系统试验与调试的流程是什么？

4. 简述风机盘管安装的质量要点。

5. 简述转轮热回收装置的工作原理。

第9章

空调与采暖系统的冷热源及管网节能工程

🎗️ **教学目标**

    本章介绍了空调与采暖系统冷热源及管网节能工程的具体知识。通过本章的学习，了解空调与采暖系统冷热源及管网节能工程的主要内容，学习具有节能功能的设备及系统在施工中的正确安装方法、调试措施，掌握验收规范的相关内容，并能编制相关文件。

🎗️ **教学要求**

分项要求	对应的具体知识与能力要求	权重
了解概念	(1) 冷热源的基本概念 (2) 空调与采暖系统冷热源及管网节能的重要性	10%
掌握知识	(1) 掌握节能功能设备及系统安装基本程序的知识 (2) 掌握节能功能设备及系统安装质量控制的知识 (3) 掌握设备及系统试运转调试的基本知识	40%
习得能力	(1) 冷热源及管网节能功能设备及系统的安装施工及质量检验能力 (2) 冷热源及管网节能功能设备及系统试运转调试的基本能力	50%

引 例

空调与采暖系统在公共建筑中是能耗大户，其能耗由三部分组成：冷热源设备能耗、末端设备能耗和辅助设备能耗，而冷热源及管网系统的能耗占整个空调、采暖系统的大部分，为了方便建筑节能施工、监理、检测、监督等技术和管理人员应用建筑节能工程施工技术，应对与空调与采暖系统冷热源及管网节能有关的知识有所掌握。

9.1 概　述

9.1.1 空调与采暖系统的冷热源及管网的基本知识

空调与采暖系统在公共建筑中是能耗大户，而空调冷热源机组及其管网系统的能耗又占整个空调、采暖系统的大部分。图 9.1 为上海某超高层大厦 7 月份空调电耗分布图。从图中可以看出：冷源能耗占空调能耗的 60% 以上空调与采暖系统冷热源、辅助设备及其管网系统又是空调与采暖系统中的主要部分，其选型是否合理，热工等技术性能参数和安装质量是否符合设计要求，将直接影响空调与采暖系统的总能耗及使用效果。

空调冷源系统包括冷源设备、辅助设备(含冷却塔、水泵)及其管网系统；空调与采暖的热源系统包括热源设备及其辅助设备和管网系统。

1. 热源

热源是指将天然或人造的含能形态转化为符合供热系统要求参数的热能设备与装置。在集中供热系统中，目前采用的热源有热电厂、区域锅炉房、地热、工业余热和太阳能等，其中应用最广泛的热源形式是热电厂和区域锅炉房。热电厂是联合生产电能和热能的发电厂，区域锅炉房是城镇集中供热的最主要热源形式。

锅炉是供热之源，把燃料的化学能转化为热能，进而将热能传递给水，以产生热水或蒸汽，通过热力管道输送至热用户，满足采暖、通风和生活需要。图 9.2 为燃油锅炉示意图。供暖锅炉一般宜选用热水锅炉，需要供应供暖、通风和生产热负荷，且生产热负荷较大的锅炉房可选用蒸汽锅炉，其供暖热水需用热交换器产生。

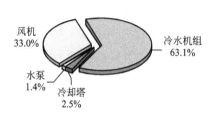

图 9.1　上海某超高层大厦 7 月份空调电耗分布图

图 9.2　燃油锅炉示意图

2. 冷源

制冷装置是空调系统中冷却干燥空气所必需的设备，是空调系统的重要组成部分。实现制冷可以通过两种途径，一种是天然冷源，如地下水、地道风等；另一种是采用人工制冷，人工制冷是依靠制冷机获得，空调中使用的制冷机有压缩式、吸收式和蒸汽喷射式三种。其中以电驱动的压缩式冷水机组和吸收式冷水机组最常用，图9.3为溴化锂吸收式制冷机组示意图。空调冷水机组的具体分类见表9-1。

图9.3　溴化锂吸收式制冷机组示意图

表9-1　空调冷水机组的分类

名称	能源种类	分类	单位制冷能耗
空调冷水机组	电驱动的压缩式冷水机组	活塞式制冷冷水机组 离心式制冷冷水机组 螺杆式制冷冷水机组	低 最低 较低
	吸收式冷水机组	热水型吸收式冷水机组 蒸汽型吸收式冷水机组 直燃型吸收式冷水机组	高

9.1.2　空调与采暖系统的冷热源及管网的节能技术和发展

1. 我国冷热源及管网节能技术的现状

我国是一个人口众多的国家，在实现经济快速发展的同时，就会面临资源严重短缺的问题。为此，在长期发展的进程中，就要对能源进行不断地开发和节约利用，更重要的是时刻都将节约利用能源作为首要的任务，在此过程中也取得了比较显著的成绩。目前，在我国普遍存在的比较突出的问题是能源的损耗比较大，而对能源的利用效率比较低，跟发达国家相比相距甚远，还没有将能源实现最大化利用做到位。只有对空调冷热源建设进行精细的创新和研发，才能保证能源的利用实现效益的最大化，有效地延长不可再生资源的开发和利用，满足人们日益增长的物质文化的需要。目前，我国空调冷热源主要还是煤矿资源，并且其用量在国内的比例不断地加大，同时存在对能源利用的结构不够合理，对能源的利用效率比较低下等问题，在空调冷热源节约利用和开发等方面还处在起步阶段，还有很大的潜力，需要进一步合理有效地开发。针对这种情况，就需要对现在空调冷热源及管网节能技术进行分析和研究，并且积极地找到科学有效的解决措施。

2. 冷热源及管网节能技术发展的新思路

1）环境和发展相互和谐，实现可持续发展

近年来，社会快速发展对能源的损耗越来越严重，对环境的污染也越来越大，这就逐步引发人们对未来生活的能源消费方式和消费理念进行思考。现在主要的能源来源是化石能源，同时其对环境的污染也最严重，经过燃烧后会排放大量的污染物，进而引发一些环境问题。在经济发展的同时，应该注意到与环境的和谐统一，对能源的节约利用和对环境保护的研究将具有重要的意义。一个国家要发展，不能够因为一时的利益，而损害长期的计划，因此需要不断地对空调与采暖系统的冷热源及管网节能技术进行研究，采用新的技术，减少对能源的损耗，降低对环境的污染，并且应该加大开发新能源的力度，实现可持续发展。

2）综合资源合理规划发展方向

空调与采暖系统要实现节能就需要采用更加先进的技术，改变传统的技术方法，将以前采用单纯的能源损耗，改变为对能源的节约利用，并能够实现对能源的循环利用，提高能源的利用效率。在实现节能时，应该将有限的资源进行有机的、合理的整合，将资源综合起来，集中有限的资源做最有利的事，才能够发挥最大的经济效益。同时，应制定合理的规划发展方向，采用先进的空调冷热源节能技术，以实现用最小的能源消耗，来获得最大的经济、社会和环境效益。科学技术不断地发展创新，将会研究出更加有效的冷热源及管网节能技术，实现对空调与采暖系统的节能。

3. 空调与采暖系统冷热源及管网节能技术的研究和发展

1）新能源的开发和利用

新能源的开发和利用是节能研究的一个重要话题，现在空调与采暖系统对能源的需求量越来越大，就需要在该领域开发新的能源。目前主要开发的新能源有天然气、太阳能、核能、风能等，其中天然气是一种比较理想的新能源，其热值比较高，对环境的污染在同类能源中相对很低，是一种相对比较清洁的能源，但是目前对天然气的研究仍然处在初步研究阶段，不能够投入到实际生产中。太阳能、风能等是可再生资源，同时也是无污染的新能源，具有很好的开发前景，并且在我国的储藏量非常丰富，是一种理想的新能源，具有很高的开发价值。

2）冷热电联产

冷热电联产是一种提高能源利用效率的重要措施，并且能减少有害气体的排放，减少对环境的污染。冷热电联产是基于分布式发电技术和热能动力工程建设而逐步演变而形成的一种新技术。在有些技术场所，采用冷热电联产技术以后大大地提高了能源的利用效率，有的将能源的利用效率提高到80％，有的甚至达到90％以上，具有高能源利用性和高环保性。冷热电联产将会是空调与采暖系统冷热源节能技术中重要的研究项目，是一种最具有竞争优势的空调冷热源节能技术，现在西方国家都大大采用这种技术，美国近20％的建筑都在用这种技术来提供对室内能源的供应，欧盟已经提高自己的发电比例。同样国内在一些综合实力比较强的城市也已陆续建设并投入使用。

3）热泵技术

热泵技术就是利用高位拉动技术原理，将热能从比较低的位置被迫拉到相对比较高的位置，实现热量从低位到高位的过程，提高能源的利用效率。热泵主要分为空气源热泵和地源热泵两类。空气源热泵是以室外空气为热源，将室外的热量直接利用后供给室内的空调系统，受空气温度的影响很大。目前空气源热泵主要面临的问题是如何优化化霜循环系统、如何实现智能化霜控制，以及如何实现智能探测结霜厚度。地源热泵是一种利用地下浅层地热资源的既可以供热又可以制冷的高效节能环保型空调系统。

9.1.3　空调与采暖系统冷热源及管网节能工程标准现状

为保证空调与采暖系统具有良好的节能效果，首先，要求将冷热源机房、换热站内的管道系统按照设计要求的具有节能功能的系统制式进行安装；其次，要求所选用的省电节能型冷、热源设备及其辅助设备，均要安装齐全、到位，并在各系统中要设置一些必要的自控阀门和仪表，这也是系统实现自动化、节能运行的必要条件；再次，冷热管网系统绝热层绝热节能效果的好坏，也直接影响到系统运行能耗，绝热效果除了与绝热材料的材质、密度、导热系数、热阻等有关外，还与绝热层厚度、施工质量、与金属支架间的防热桥措施等密切相关；最后，在冷热源设备和辅助设备及室外管网系统安装完毕后，为了达到系统正常运行和节能的预期目标，必须进行设备的单机试运转调试和系统的联合试运转调试工作，单机试运转调试是进行系统联合试运转调试的先决条件，系统联合试运转调试是系统在有冷热负荷和冷热源的实际工况下的试运行调试，试运转调试的结果应符合设计和相关规范中的规定。

因此，对空调与采暖系统的冷热源及管网节能工程在施工过程中的控制管理，必须紧紧围绕以上各主要环节进行，综合运用技术性能资料审查、施工过程质量控制，严格执行隐蔽工程验收程序，以及控制设备单机试运转和系统联动试运转调试过程和结果等手段，分清主次，有条不紊地开展施工工作。

目前，我国有关空调与采暖系统的冷热源及管网节能工程实行的节能标准主要如下。

1.《建筑节能工程施工质量验收规范》（GB 50411）

本规范适用于新建、改建和扩建的民用建筑工程中墙体、幕墙、门窗、屋面、地面、采暖、通风与空调、空调与采暖系统的冷热源及管网、配电与照明、监测与控制等建筑节能工程施工质量的验收。

主要内容包括墙体节能工程、幕墙节能工程、门窗节能工程、屋面节能工程、地面节能工程、采暖节能工程、通风与空调节能工程、空调与采暖系统冷热源及管网节能工程、配电与照明节能工程、监测与控制节能工程、建筑节能工程现场检验、建筑节能分部工程质量验收等。

2.《公共建筑节能设计标准》（GB 50189）

本标准适用于新建、改建和扩建的公共建筑节能设计。

主要内容包括室内环境节能设计计算参数，建筑与建筑热工设计，采暖、通风和空气调节节能设计等。

3.《建筑给水排水及采暖工程施工质量验收规范》（GB 50242）

本规范适用于建筑给水、排水及采暖工程施工质量的验收。

主要内容包括室内给水系统安装、室内采暖系统安装、室外供热管网安装、供热锅炉及辅助设备安装等。

4.《通风与空调工程施工质量验收规范》（GB 50243）

本规范适用于建筑工程通风与空调工程施工质量的验收。

主要内容包括风管制作、风管部件制作、风管系统安装、通风与空调设备安装、空调制冷系统安装、空调水系统安装、防腐与绝热、系统调试、竣工验收和工程综合效能测定与调整等。

9.2 制冷设备及系统节能工程

9.2.1 制冷设备及系统节能简述

目前，在公共建筑里一般使用以下几种类型的制冷系统：中央空调、模块式制冷、热泵、户式空调、蒸发式制冷等。这些系统分别适用于不同的场合：中央空调制冷系统用于大型建筑里，而模块式制冷用于中小型建筑。在日本，对办公楼内的制冷设备系统的大范围的研究表明，只有48%的能量用于空气调节。在这48%的能量中，能量损失占28%，而只有剩下的20%真正用于所需制冷量的生产。

一个典型使用活塞压缩机的制冷系统能够运行12～15年，而螺杆式或离心式制冷机组则能运行20～30年。制冷系统在它的有效寿命周期内经常达不到最优运行状态，从而造成了能耗的增加，因此必须从设计、施工与运行三方面严格控制制冷设备及系统节能。本节主要介绍制冷设备及系统节能工程在施工方面的应用。

9.2.2 制冷设备及系统节能工程施工工艺

1. 施工工艺流程

1）制冷机组安装工艺流程

基础准备 → 设备开箱检查 → 设备运输 → 设备吊装就位 → 减振器(垫)安装 → 设备初平 → 地脚螺栓孔二次灌浆 → 设备精平与基础灌浆抹面 → 试运转 → 质量验收

2）制冷管道系统安装工艺流程

清洗 → 管道系统安装 → 管道吹污 → 系统气密性试验 → 系统抽真空试验 → 系统充制冷剂 → 管道防腐与绝热 → 质量检验

3）制冷附属设备安装工艺流程

基础准备 → 设备开箱检查 → 设备安装 → 配管安装 → 试运转 → 系统调试

2. 制冷机组及设备安装

1）活塞式制冷机组安装

整体安装的活塞式制冷机如图9.4所示。其机身纵向和横向的水平度允许偏差为0.2/1000。用油封的活塞式制冷机，如在技术文件规定期限内，外观完整，机体无损伤和锈蚀等现象，可仅拆卸缸盖、活塞、汽缸内壁、吸排气阀、曲轴箱等应清洗干净，油系统应畅通，检查紧固件是否牢固，并更换曲轴箱的润滑油；如在技术文件规定期限外，或机体有损伤和锈蚀等现象，则必须全面检查，并按设备技术文件的规定拆洗装配。

充入保护气体的机组在设备技术文件规定期限内，外观完整和氮封压力无变化的情况下，不做内部清洗，仅做外表擦洗，如需清洗时，严禁混入水汽。

制冷机的辅助设备，单体安装前必须吹污，并保持内壁清洁，安装位置应正确，各管口必须畅通。贮液器及洗涤式油氨分离器的进液口均应低于冷凝器的出液口。直接膨胀表面式冷却器，表面应保持清洁、完整，安装时空气与制冷剂应呈逆向流动。冷凝器四周的缝隙应堵严，冷凝水排除应畅通。

卧式及组合式冷凝器、贮液器在室外露天布置时，应有遮阳与防冻措施。

2）离心式制冷机组安装

安装前，机组的内压应符合设备技术文件规定的出厂压力。制冷机组应在与压缩机底面平行的其他加工平面上找正水平，其纵、横向不水平度均不应超过0.1/1000。

基础底板应平整，底座安装应设置隔振器，隔振器压缩量应均匀一致。图9.5为离心式压缩机示意图。

图9.4 活塞式制冷机组示意图　　　　图9.5 离心式压缩机示意图

3）溴化锂吸收式制冷机组安装

制冷系统安装后，应对设备内部进行清洗。清洗时，将清洁水加入设备内，开动发生器泵、吸收器泵和蒸发器泵，使水在系统内循环，反复多次，并观察水的颜色，直至设备内部清洁为止。

热交换器安装时，应使装有放液阀的一端比另一端低约20～30mm，以保证排放溶液时易于排尽。

蒸汽管和冷媒水管应隔热保温，保温层厚度和材料应符合设计规定。

4）螺杆式制冷机组安装

螺杆式制冷压缩机安装时，应对其基础进行找平，其纵、横向不水平度不应超过1/1000。接管前，应先清洗吸、排气管道；管道应做必要的支承。连接时应注意不要使机组变形，否则会影响电机和螺杆式制冷压缩机的对中。

5）冷却塔安装

冷却塔必须安装在通风良好的场所，应避免安装在通风不良和出现湿空气回流的场合，否则将会降低冷却塔的冷却能力。冷却塔一般安装在冷却站的屋顶上，以形成高压头，用来克服冷凝器的阻力损失。图9.6是冷却塔高位安装的示意图。水泵将需要处理的冷却水从水池抽出送至冷却塔，经冷却降温后从塔底集水盘向下自流压入冷凝器中，并继而靠水头压差自流入水池，以此循环。

6）水泵安装

空调系统中水泵用于水冷式冷水机组的冷凝器中冷却水与冷却塔的循环和蒸发器中冷冻水与组合式空调器或新风机组、风机盘管的循环，在冬季工况时，水泵用于空调热水与组合式空调器或新风机组、风机盘管的循环。

出厂时已装配、调整完善的部分不得随便拆卸。水泵安装有钢筋混凝土底座和钢制底座两种方式。一般大型卧式水泵采用混凝土基础底座安装，小型水泵采用钢制底座安装。

混凝土基础底座与水泵采用地脚螺栓固定，混凝土基础底座事先预制好，其验收和处理与混凝土基础相同。

水泵就位后以泵的轴线为基准进行找平、找正，即对水平度、标高、中心线进行核对，可分初平和精平两步进行。水泵找平、找正后，减振器的压缩量应均匀一致，偏差不大于 2mm。图 9.7 为水泵的安装示意图。

图 9.6　冷却塔高位安装示意图

图 9.7　水泵的安装示意图

3. 制冷管道系统安装

1) 制冷管道安装

制冷系统管道的坡度和坡向，如设计无明确规定时应满足表 9-2 的要求。

表 9-2　制冷剂管道坡向、坡度

管道名称	坡向	坡度
压缩机吸气水平管（氟）	压缩机	≥10/1000
压缩机吸气水平管（氨）	蒸发器	≥3/1000
压缩机排气水平管	油分离器	≥10/1000
冷凝器水平供液管	贮液器	(1~3)/1000
油分离器至冷凝器水平管	油分离器	(3~5)/1000

制冷系统的液体管安装不应有局部向上凸起的弯曲现象，以免形成气囊；气体管除氟系统专门设置的回油弯外，不应有局部向下凹的弯曲现象，以免形成液囊。从液体干管引出的支管，应从干管底部或侧面接出；从气体干管引出的支管，应从干管上部或侧面接出。管道成三通连接时，应将支管按制冷剂流向弯成弧形再行焊接，如图 9.8(a)所示；当支管与干管直径相同且管道内径小于 50mm 时，则需在干管的连接部位换上大一号管径的管段，再按以上规定进行焊接，如图 9.8(b)所示。不同管径管子对接焊接时，应采用同心异径管。

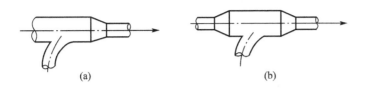

图9.8 支管与主管的连接示意图

紫铜管连接宜采用承插口焊接，或套管式焊接，承口的扩口深度不应小于管径，扩口方向应迎着介质流向，如图9.9（a）所示。与螺纹接头的插接焊，如图9.9（b）所示。紫铜管切口表面应平齐，不得有毛刺、凹凸等缺陷。切口平面允许倾斜偏差为管子直径的1%。紫铜管煨弯可用热弯或冷弯，椭圆率不应大于8%。

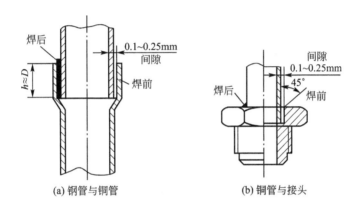

(a) 钢管与铜管　　　　　　(b) 铜管与接头

图9.9 紫铜管焊接装配图

2）阀门安装

阀门安装位置、方向、高度应符合设计要求，不得反装。安装带手柄的手动截止阀，手柄不得向下。电磁阀、调节阀、热力膨胀阀、升降式止回阀等，阀头均应向上竖直安装。热力膨胀阀的感温包应装于蒸发器末端的回气管上，应接触良好，绑扎紧密，并用隔热材料密封包扎，其厚度与保温层相同。

安全阀安装前，应检查铅封情况和出厂合格证书，不得随意拆启。安全阀与设备间若设关断阀门，在运转中必须处于全开位置，并予铅封。

3）仪表安装

所有测量仪表按设计要求采用专用产品，压力测量仪表须用标准压力表进行校正，温度测量仪表须用标准温度计校正并做好记录。所有仪表应安装在光线良好，便于观察，不妨碍操作检修的地方，同时压力继电器和温度继电器应装在不受振动的地方。图9.10为冷冻水管上压力表和温度计的安装示意图。

图9.10 冷冻水管上压力表和温度计的安装示意图

9.2.3 制冷设备及系统节能工程质量检验

1. 材料、设备检验

（1）审查自控阀门与仪表的技术性能参数。同时对绝热材料的性能进行见证抽样复验，并核查其复验报告。其中对绝热材料的导热系数、密度和吸水率等技术性能参数进行见证取样送检等。要求同一厂家同材质的绝热材料复验次数不得少于2次。

（2）对电机驱动压缩机的蒸汽压缩循环冷水机组的额定制冷量、输入功率、性能系数及综合部分负荷性能系数进行核查；其制冷性能系数应符合表9-3的要求，综合部分负荷性能系数应符合表9-4的要求。

表9-3 冷水（热泵）机组制冷性能系数（COP）表

类 型		额定制冷量（kW）	性能系数（W/W）
水冷	活塞式/涡旋式	＜528	≥3.8
		528～1163	≥4.0
		＞1163	≥4.2
	螺杆式	＜528	≥4.10
		528～1163	≥4.30
		＞1163	≥4.60
	离心式	＜528	≥4.40
		528～1163	≥4.70
		＞1163	≥5.10
风冷或蒸发冷却	活塞式/涡旋式	≤50	≥2.40
		＞50	≥2.60
	螺杆式	≤50	≥2.60
		＞50	≥2.80

表9-4 冷水（热泵）机组综合部分负荷性能系数（IPLV）表

类 型		额定制冷量（kW）	性能系数（W/W）
水冷	螺杆式	＜528	≥4.47
		528～1163	≥4.81
		＞1163	≥5.13
	离心式	＜528	≥4.49
		528～1163	≥4.88
		＞1163	≥5.42

注：IPLV值是基于单台主机运行工况的。

（3）对电机驱动压缩机的单元式空气调节机、风管送风式和屋顶式空气调节机组的名义制冷量、输入功率及能效比（EER）进行核查。其中单元式机组能效比（EER）应符合表9-5的要求。

表 9-5 单元式机组能效比(EER)表

类 型		能效比(W/W)	类 型		能效比(W/W)
风冷式	不接风管	≥2.60	水冷式	不接风管	≥3.00
	接风管	≥2.30		接风管	≥2.70

(4) 对蒸汽和热水型溴化锂吸收式机组及直燃型溴化锂吸收式冷(温)水机组的名义制冷量、供热量、输入功率及性能系数进行核查。其中溴化锂吸收式机组性能应符合表 9-6 的要求。

表 9-6 溴化锂吸收式机组性能参数表

机型	名义工况			性能参数		
	冷(温)水进/出口温度(℃)	冷却水进/出口温度(℃)	蒸汽压力(MPa)	单位制冷量蒸汽耗量[kg/(kW·h)]	性能系数(W/W)	
					制冷	供热
蒸汽双效	18/13	30/35	0.25	≤1.40		
	12/7		0.4			
			0.6	≤1.31		
			0.8	≤1.28		
直燃	供冷 12/7	30/35			≥1.10	
	供热出口 60					≥0.90

注：直燃机的性能系数为：制冷量(供热量)/[加热源消耗量(以低位热值计)+电力消耗量(折算成一次能)]。

(5) 对空调冷热水系统循环水泵的流量、扬程、电机功率及输送能效比(ER)进行核查。其中输送能效比(ER)如设计无规定时,应符合表 9-7 的要求。

表 9-7 空调冷热水系统循环水泵的最大输送能效比(ER)

管道类型	两管制热水管道			四管制热水管道	空气调节冷水管道
	严寒地区	寒冷地区/夏热冬冷地区	夏热冬暖地区		
ER	0.00577	0.00618	0.00865	0.00673	0.0241

注：1. $ER=0.002342H/(\Delta T \cdot \eta)$。式中,$H$ 为水泵设计扬程(m)；ΔT 为供回水温差；η 为水泵在设计工作点的效率(%)。
　2. 表中的数据适用于独立建筑物内的空气调节冷热水系统,最远环路总长度一般在 200~500m 范围内,区域供冷(热)管道或总长过长的水系统可参照执行。
　3. 本表不适用于采用直燃式冷(温)水机组、空气源热泵、地热热泵等作为热源的空调热水系统。

2. 安装质量检验

(1) 首先检查制冷机组应在底座的基准面上找正、调平。

(2) 检查制冷机组的自控元件、安全保护继电器、电器仪表的接线和管道连接。

(3) 旁站监督制冷机组的气密性试验。要求应符合下列规定。

① 气密性试验中应采用氮气或干燥空气进行系统升压。气密性试验压力值(MPa)一

般按照表 9-8 的规定确定。

表 9-8 系统气密性试验压力(MPa)

系统压力	活塞式制冷机			离心式制冷机
	R717、R502	R22	R12、134a	R11、R1232
低压系统	1.8	1.8	1.2	0.3
高压系统	2.0	2.5	1.6	0.3

② 当按表 9-8 的规定区别试验压力为高低压系统有困难时,可统一按低压系统试验压力进行系统气密性试验。

③ 在规定压力下保持 24h,然后充气 6h 后开始记录压力表读数,再经 18h,其压力不应超过按式(9-1)计算的计算值。如超过计算值,应进行检漏,查明后消除泄漏,并应重新试验。直至合格。

$$\Delta P = P_1 - P_2 = P_1 \times [1-(273+t_2)/(273+t_1)] \qquad (9-1)$$

式中　ΔP——压力降(MPa);

　　　P_1——试验开始时系统中的气体压力(MPa);

　　　P_2——试验结束时系统中的气体压力(MPa);

　　　t_1——试验开始时系统中的气体温度(℃);

　　　t_2——试验结束时系统中的气体温度(℃)。

9.3　供热锅炉及辅助设备节能工程

9.3.1　供热锅炉及辅助设备节能简述

锅炉是产热设备,且在一定的温度和压力下运行,其产品制造及安装质量、运行操作及管理水平将直接影响设备运行的安全性、稳定性及经济性。

锅炉安装有整体快装、现场组装、散装等方式。锅炉安装工程应由经资质审查批准,符合安装范围的专业施工单位进行安装。为保证锅炉的安装质量,国家和制造厂对锅炉安装的质量都有明确的规范,供锅炉监督和安装工作参照。安装单位安装时除应按设计要求,并参照锅炉制造厂的有关技术文件施工外,对于工作压力不大于 0.8MPa、热水温度不超过 150℃ 的采暖和热水供应的整体锅炉,应遵照《采暖与卫生工程施工及验收规范》第十章的规定;对于工作压力不大于 2.5MPa,蒸发量不大于 35t/h 的现场组装或散装锅炉,可遵照《机械设备安装工程施工及验收通用规范》及《工业锅炉安装工程施工及验收规范》的有关规定进行施工。锅炉本体及其附属设备管道的安装,应遵照《工业金属管道工程施工及验收规范》的规定进行。

承装锅炉的安装单位,须经当地锅炉安全监察部门审查批准,并持有许可证后,才有资格进行锅炉安装。锅炉安装前,须编制施工组织设计(施工方案),并将其连同锅炉房平面及设备布置图等有关技术资料,交送当地锅炉安全监察机构,经审批同意后方可进行施工,施工单位应充分做好施工准备工作。

9.3.2 供热锅炉及辅助设备节能工程施工工艺

1. 施工工艺流程

1）快装锅炉安装工艺流程

基础放线、验收 → 锅炉本体安装 → 锅炉附属设备安装 → 管路、阀门、仪表安装 →

水压试验 → 烘炉 → 煮炉 → 冲洗 → 试运行 → 总体验收

2）换热站安装工艺流程

施工准备 → 设备安装 → 管道安装 → 试压 → 防腐保温 → 试运行

2. 锅炉安装

整装锅炉按燃料分有燃煤锅炉、燃油锅炉、燃气锅炉和油气两用锅炉。从节能和环保角度考虑，目前主要采用燃油、燃气和油气两用锅炉。

1）锅炉本体安装

锅炉中心线应与基础基准线相吻合，偏差≤3mm；锅炉中心垂直度偏差≤1/1000；标高偏差≤±5mm。锅炉本体安装应有 0.3% 的坡度，坡向排污装置。当锅炉本体不平时，应用千斤顶将锅炉偏低一侧连同支架一起顶起，再在支架之下垫以适当厚度的垫铁，垫铁的间距宜为 500～1000mm。

2）燃烧器安装

燃烧器检验合格后，在厂家技术人员指导下进行安装，安装时燃烧器与锅炉本体接口处应嵌入石棉橡胶板使之连接严密。燃烧器及供油（气）阀组安装完毕，点火前应在锅检所专业人员的监督下进行气密性试验，试验范围从球阀到双重电磁阀，保压时间为 20min，用检漏仪进行检漏，合格后填写试验记录。

试验设备：手压气泵、微压表、检漏仪。

3）排污装置安装

每台锅炉一般安装 2 个排污阀；排污阀采用专用快速排放的球阀或旋塞（一般由锅炉厂家配套供应），不得采用螺旋升降式的截止阀或闸阀；排污阀及排污管道不得采用螺纹连接。

每台锅炉应安装独立的排污管，排污管尽量减少弯头，所有的弯头均采用煨制弯，其弯曲半径 $R \geqslant 1.5D$。排污管接至排污膨胀箱或安全地点，保证排污畅通。

多台锅炉的排污合用一个总排污管时，必须设有安全阀。

4）水位计安装

每台锅炉一般安装 2 副水位计（一般由锅炉厂家配套供应），水位计应安装在易观察的位置。水位计的泄水管应接至安全处。当锅炉安装有水位报警器时，其泄水管可与水位计的泄水管连在一起，但报警器的泄水管上应单独安装阀门；当水位计的泄水管旁通接至取样冷却器时，旁通管及三通后的泄水管上均应单独安装阀门。图 9.11 为

图 9.11 锅炉水位计安装示意图

锅炉水位计安装示意图。

5）安全阀安装

安全阀安装前必须逐个进行严密性试验，并送有资质的检测机构校验、定压，校验合格的安全阀应铅封和做好标记。锅炉上一般安装有两个安全阀，其中一个按较高值定压，另一个按较低值定压；装有一个安全阀时，按较低值定压。

安全阀应垂直安装，并装设排泄放气(水)管，排泄放气(水)管的直径应严格按设计要求，不得随意改变，也不得小于安全阀的出口截面。

安全阀与连接设备之间不得接有任何分叉的取气或取水管道，也不得安装阀门。

安全阀的排泄放气(水)管应通至室外安全地点，坡度应坡向室外，排泄放气(水)管上不得安装阀门。安全阀的排泄放气(水)管应单独设置，不得几根并联。

设备水压试验时，应将安全阀卸下，待水压试验完毕后再安装。

6）锅炉水压试验

水压试验应报请当地质量技术监督部门参加。试验前应按要求做好准备工作。

水压试验应在环境温度高于5℃时进行，低于5℃必须有防冻措施。试验时水温一般应在20～70℃，当施工现场无热源时可用自来水试压，但要等锅筒内水温与周围气温较为接近或无结露时，方可进行水压试验。

水压试验时先向炉内上水。打开自来水阀门向炉内上水，待锅炉最高点放气管见水无气后关闭放气阀，最后把自来水阀门关闭。然后用试压泵缓慢升压至0.3～0.4MPa时，应暂停升压，进行一次检查和必要的紧固螺栓工作。待升至工作压力时，应停泵检查各处有无渗漏或异常现象，再升至试验压力后停泵，在试验压力下保持20min，然后缓慢降至工作压力进行检查。检查期间压力应保持不变。在受压元件金属壁和焊缝上没有水珠和水雾、胀口处不滴水珠以及水压试验后没有发现残余变形为试验合格。

水压试验结束后，应将炉内水全部放净，以防冻，并拆除所加的全部盲板。同时将试验结果记录在《工业锅炉安装工程质量证明书》中，并有参加验收人员签字，最后存档。

7）烘炉

按规范要求做好准备工作，然后烘炉。烘炉时整体快装锅炉均采用轻型炉墙，根据炉墙潮湿程度，一般烘烤时间为3～6d。

木柴烘炉时打开炉门、烟道闸板，开启引风机，强制通风5min，以排除炉膛和烟道内的潮气和灰尘，然后关闭引风机。打开炉门和点火门，在炉排前部1.5m范围内铺上厚度为30～50mm的炉渣，在炉渣上放置木柴和引燃物。点燃木柴，小火烘烤。自然通风，缓慢升温，排烟温度第一天不得超过80℃，后期不超过160℃。烘烤约2～3d。木柴烘烤后期，逐渐添加煤炭燃料进行煤炭烘炉，并间断引风和适当鼓风，使炉膛温度逐步升高，同时间断开动炉排，防止炉排被烧损坏。烘烤约为1～3d。整个烘炉期间要注意观察炉墙、炉拱情况，按时做好温度记录，最后画出实际升温曲线图。

烘炉时使火焰应保持在炉膛中央，燃烧均匀，升温缓慢，不能时旺时弱。烘炉时锅炉不升压。烘炉期间应注意及时补进软水，保持锅炉正常水位。烘炉中后期应适量排污，每6～8h可排污一次，排污后及时补水。煤炭烘炉时应尽量减少炉门、看火门开启次数，防止冷空气进入炉膛内，使炉墙产生裂损。

8）煮炉

为了节约时间和燃料，在烘炉末期应进行煮炉。一般采用碱性溶液煮炉，加药量根据锅炉锈蚀、油污情况及锅炉水容量而定。如锅炉出厂说明书未作规定时，可按表9-9规定计量加药量。

表9-9 锅炉加药量(kg/t炉水)

药品名称	铁锈较薄	铁锈较厚	药品名称	铁锈较薄	铁锈较厚
氢氧化钠(NaOH)	2～3	3～4	磷酸三钠 $Na_3PO_4 \cdot 12H_2O$	2～3	2～3

表9-9中药品用量按100%纯度计算，无磷酸三钠可用碳酸钠(Na_2CO_3)代替，用量为磷酸三钠的1.5倍。将两种药品按用量配好后，用水溶解成液体从上人孔处或安全阀座处，缓慢加入炉体内，然后封闭人孔或安全阀。操作时要注意对化学药品腐蚀性采取防护措施。

升压煮炉：加药后间断开动引风机，适量鼓风使炉膛温度和锅炉压力逐渐升高，进入升压煮炉，当压力升至0.4MPa时，连续煮炉12h，煮炉结束停火。煮炉结束后，待锅炉蒸汽压力降至零，水温低于70℃时，方可将炉水放掉，待锅炉冷却后，打开人孔和手孔，彻底清除锅筒和集箱内部的沉积物，并用清水冲洗干净，检查锅炉和集箱内壁，无油垢、无锈斑为煮炉合格。

最后经甲乙双方共同检验，确认合格，并在检验记录上签字盖章后，方可封闭人孔和手孔。

3. 换热器安装

安装前熟悉使用说明书的注意事项和安装要求，分清一次侧和二次侧。各种换热器安装的水平度、垂直度应符合规范和设备技术文件的要求。

板式换热器地脚螺栓的固定应牢固。壳管式换热器的安装，如设计无要求时，其封头与墙壁或屋顶的距离不得小于换热管的长度。

9.3.3 供热锅炉及辅助设备节能工程质量标准与检验方法

（1）锅炉的台数和单台锅炉容量是根据锅炉房的设计容量和全年（采暖季）负荷低峰期工况合理确定的，安装时，必须仔细核对，确保完全满足设计要求，以达到节能运行。锅炉的最低设计效率应符合表9-10规定。

表9-10 锅炉的最低设计效率表

锅炉类型、燃料种类及发热值		在下列锅炉容量(MW)下的设计效率(%)						
		0.7	1.4	2.8	4.2	7.0	14.0	28.0
燃煤	Ⅱ类烟煤			73	74	78	79	80
	Ⅲ类烟煤			74	76	78	80	82
燃油、燃气		86	87	87	88	89	90	90

多台锅炉联合运行时，最小热负荷工况下，单台燃煤锅炉的运行负荷不应低于锅炉额定负荷的60%，单台燃油、燃气锅炉的运行负荷不应低于额定负荷的30%。

（2）锅炉及辅助设备基础的混凝土强度必须达到设计要求，基础的坐标、标高、几何尺寸和螺栓孔位置应符合相关规定。

（3）非承压锅炉，应严格按设计或产品说明书的要求施工。锅筒顶部必须敞口或装设大气连通管，连通管上不得安装阀门。

检验方法：对照设计图纸或产品说明书检查。

（4）以天然气为燃料的锅炉的天然气释放管或大气排放管不得直接通向大气，应通向贮存或处理装置。

检验方法：对照设计图纸检查。

（5）两台或两台以上燃油锅炉共用一个烟囱时，每一台锅炉的烟道上均应配备风阀或挡板装置，并应具有操作调节和闭锁功能。

检验方法：观察和手扳检查。

（6）锅炉的锅筒和水冷壁的下集箱及后棚管的后集箱的最低处排污阀及排污管道不得采用螺纹连接。

检验方法：观察检查。

（7）锅炉的汽、水系统安装完毕后，必须进行水压试验。锅炉水压试验的压力值见表 9 - 11。

表 9 - 11　锅炉水压试验压力值

项次	设备名称	工作压力 P(MPa)	试验压力(MPa)
1	锅炉本体	＜0.8	1.5P 但不小于 0.2
		0.8～1.6	P＋0.4
		＞1.6	1.25P
2	可分式省煤器	任何压力	1.25P＋0.5
3	过热器	任何压力	与锅炉本体试验压力相同
4	非承压锅炉	大气压力	0.2

注：1. 工作压力 P 对蒸汽锅炉指锅筒工作压力，对热水锅炉指锅炉额定出水压力。

2. 铸铁锅炉水压试验同热水锅炉。

3. 非承压锅炉水压试验压力为 0.2MPa，试验期间压力应保持不变。

检验方法：在试验压力下 10min 内压力降不超过 0.02MPa；然后降至工作压力进行检查，压力不降，不渗、不漏；观察检查，不得有残余变形，受压元件金属壁和焊缝上不得有水珠和水雾。

（8）在安装过程中要按产品设计要求，做好炉体的保温结构、锅炉本体与辅助设备连接的密封，控制锅炉机组的散热损失，使其达到产品设计技术文件的规定。

（9）管道连接的法兰、焊缝和连接管件以及管道上的仪表、阀门的安装位置应便于检修，并不得紧贴墙壁、楼板或管架。

检验方法：观察检查。

（10）热源和辅助设备及其管道系统，应随施工进度对与节能有关的隐蔽部位或内容进行验收，并应有详细的文字记录和必要的图像资料。

检验方法：观察检查；核查隐蔽工程验收记录。

检验数量：全数核查隐蔽工程验收记录。

9.4 室外管网系统节能工程

9.4.1 室外管网系统节能简述

室外供热管道的管材主要有焊接钢管、螺旋缝电焊钢管和无缝钢管。敷设方式有地沟敷设、直埋敷设及架空敷设三种。埋设或敷设在不通行地沟内的供热管道，除安装阀类处采用法兰连接外，其他接口均应焊接；在分支管路有阀类的地方，应设阀门井。供热管道无论采用何种敷设方式，其安装的基本要求都是相同的。

9.4.2 室外管网系统节能工程施工工艺

1. 施工工艺流程

1）直埋敷设工艺流程

放线定位 → 砌井铺底砂、挖管沟、防腐保温 → 管道敷设 → 补偿器安装 → 水压试验 → 防腐保温修补 → 填盖细砂 → 回填土夯实 → 试运行

2）管沟敷设工艺流程

放线定位 → 挖土方 → 砌管沟 → 卡架制作安装 → 管道安装 → 补偿器安装 → 水压试验 → 防腐保温 → 盖沟盖板 → 回填土夯实 → 试运行

3）架空敷设工艺流程

放线定位 → 卡架制作安装 → 管道安装 → 补偿器安装 → 水压试验 → 防腐保温 → 试运行

2. 操作要点

1）准备工作

室外管道安装前应按设计图纸和规范规定放样，绘制安装详图，确定管路坐标和标高、坡向、坡度、管径、变径、预留甩口、阀门、卡架、拐弯、节点、伸缩补偿器及干管起点、终点的位置，并于现场进行核对、调整。按调整后的放样详图下料、防腐，进行管件加工和预组装、调直等。下管前清理地沟内的杂物，然后进行支、吊、卡架及管道的安装。

2）支架的安装

对于地沟内管道安装来说最关键的工序就是支架的安装。在不通行地沟内，管道的高支座通常安装在混凝土支墩上面的预埋钢板上，其安装应在混凝土沟底施工后（同时浇筑出支墩），沟墙砌筑前进行。通行和半通行地沟内，管道的高支架安装在型钢支架的横梁上，型钢支架的安装是利用在混凝土沟基土建施工和砌筑沟墙时，预留的预留孔洞或预埋钢板来固定的。地沟内支架间距要求见表9-12。多根管道共同的支架，应按最小管径确定其最大间距，坡度和坡向相同的管道可以共架，对个别坡向和坡度值不同的管子，可考虑用悬吊的方法安装。当给水管道和供热管道同沟时，给水管可用支墩敷设于地沟底部。

表 9-12　支架的最大间距

公称直径 (mm)	15	20	25	32	40	50	70	80	100	125	150	200	250	300
保温管	2	2.5	2.5	2.5	3	3	4	4	4.5	6	7	7	8	8.5
不保温管	2.5	3	3.5	4	4.5	5	6	6	6.5	7	8	9.5	11	12

地沟内支架安装要平直牢固，同一地沟内若有多层管道时，安装顺序应从最下面一层开始，最好能将下面的管子安装、试压、保温完成后，再安装上面的管子。为了便于焊接，焊口应选在便于操作的位置。所有管子端部的切口、平正检查及坡口切割均应在管子下沟前集中在地面上完成。

3）预组装

地面上的预组装是架空管道施工的关键技术环节，必须经施工设计做出全面细致的规划，以尽量减少管子上架后的空中作业量。预组装包括管道端部接口平整度的检查，管子坡口的加工，三通、弯管、变径管的预制，法兰的焊接，法兰阀门的组装等。同时，各预制管件应与适当长度的直管段组合成若干管段，以备吊装。预组装管段的长度应按管的上架方式、吊装条件等综合考虑确定。

4）保温结构的制作

对于直埋管道的敷设来说最重要的是保温结构的制作质量。一般情况下，保温结构可在加工厂先做好，而后再运到现场安装，只留管子接口，待焊接并试压合格后再进行接头保温；接头保温结构补做的方法与管保温结构相同。

由于预制保温管的保温结构不允许受任何外界机械作用，向管沟内下管必须采用吊装。吊管时，不得以绳索直接接触保温管外壳，应用宽度大约150mm的编织带兜托管子，吊起时要慢，放管时要轻。管子就位后即可进行焊接，然后按设计要求进行焊口检验及水压试验，合格后可做接口保温。

5）补偿器的安装

在室外供热管道安装中，补偿器的安装也是一个主要的环节。在直线管段上，如果两固定支架间管道的热膨胀受到了限制，将会产生极大的热应力，使管子受到损坏。因此，必须设置管道补偿器，用以补偿热膨胀量，减小热应力，确保管子伸缩自由。

以方形补偿器为例，其安装时应在固定支架及固定支架间的管道安装完毕后进行，且阀件和法兰上螺栓要全部拧紧，滑动支架要全部装好。补偿器的两侧应安装导向支架，第一个导向支架应放在距弯曲起点40倍公称直径处。在靠近弯管设置的阀门、法兰等连接件处的两侧，也应设导向支架，以防管道过大的弯曲变形而导致法兰等连接件泄漏。补偿器两边的第一个支架，宜设在距弯曲起点1m处。

6）水压试验

水压试验是用不含油质及酸碱等杂质的洁净水作为介质。其试验程序主要有充水、升压、强度检查、降压及严密性检查等步骤。

水压试验的充水点和加压装置，应选在系统或管段的较低处，以利于低处进水高点排气。充水前将试压范围内系统的阀门全部打开，同时打开各高点的放气阀，关闭最低点的排水阀，连接好进水管、压力表和打压泵等，即可向管道系统内充水，待系统中空气全部排净、放气阀不断出水时，关闭放气阀和进水阀，全面检查系统有无漏水现象，如有漏水，应及时进行修理。

管道系统充满水并无漏水现象后，用加压泵缓慢加压，当压力表指针开始动作时，应停下来对管道开始检查，发现泄漏应及时处理；当升压到一定数值时，再次停压检查，无问题时再继续加压。一般分 2～3 次升至试验压力，停止升压并迅速关闭进水阀，观察压力表，如压力表指针跳动，说明排气不良，应打开放气阀再次排气并加压至试验压力，然后记录时间进行检查，在规定时间内管道系统无破坏，压力降不超过规定值时，则强度试验为合格。

室外管道系统的试压是在试验压力下停压时间一般为 10min，压力降不超过 0.05MPa，如压降大于允许值，则说明试压管段有破裂及严重漏水处，应找到泄漏处，修复后重新试压。

强度试验合格后，将压力降至工作压力，稳压下进行严密性检查，检查的重点是各类接口、阀门及附件的严密程度。经全面检查以不渗不漏为合格。只有强度试验和严密性试验均合格后，水压试验才算合格。

管道系统的试验压力，应以设计要求为准，如设计无明确要求时，可根据不同的工艺要求，按相应的施工及验收规范执行。对位差较大的管道系统，应考虑试压介质的静压影响，液体管道以最高点的压力为准，但最低点的压力不得超过管道附件及阀门的承受能力。较长的埋地压力管道在水压试验合格后，回填土后还应进行系统最终水压试验。

7）吹扫与清洗

管道在试压完成后即可进行吹扫与清洗（简称吹洗），冲洗应用自来水连续进行，应保证有充足的流量，冲洗前应将系统内的仪表加以保护，并将孔板、喷嘴、滤网、节流阀及止回阀的阀芯等拆除，妥善保管，待冲洗合格后复位，对不允许冲洗的设备及管道应进行隔离。水冲洗的排放管应接入可靠的排水井或排水沟内，并保证其排水畅通和安全，排水管的管径不应小于被冲洗管道管径的 60%。

水冲洗应以管道排出口处的水色、透明度与管道入水口处的目测一致为合格。

蒸汽管道宜采用蒸汽吹扫，也可采用压缩空气吹扫。采用蒸汽吹扫时，应先进行暖管，恒温 1h 后方可进行吹扫，然后自然降温至环境温度，之后再升温暖管，恒温进行吹扫，一般不少于 3 次。

蒸汽管道可用白色木板或钢板置于排气口处检查，板上无铁锈、脏物为合格。

9.4.3　室外管网系统节能工程质量检验

（1）管道系统的制式应符合设计要求，室外冷热管网系统的管网布置形式、管道敷设方式、用户连接方式、调节控制方式等应符合设计要求。

（2）室外管网的平衡阀、调节阀的型号、规格及公称压力应符合设计要求，安装后应根据系统要求进行调试，并做出标志。

（3）直埋无补偿供热管道预热伸长及三通加固应符合设计要求，回填土前应检查预制保温外壳及接口的完好性。

（4）补偿器的位置必须符合设计要求，并应按设计要求或产品说明书进行预拉伸。

（5）管道固定支架的位置和构造必须符合设计要求。

（6）直埋管道的保温应符合设计要求，接口在现场发泡时，接头处厚度应与管道保温厚度一致，接头处保护层必须与管道保护层成为一体，符合防潮防水要求。

（7）检查蒸汽喷射嘴与混合室、扩压管的中心必须一致，试运行时，应调整喷嘴与混合室的距离，蒸汽喷射器的出口应有2～3m的直管段。

（8）检查管网系统调压板是否按设计要求安装到位。

9.5 冷热源及管网的防腐与绝热工程

9.5.1 冷热源及管网防腐与绝热简述

管道外部直接与大气或土壤接触，将产生化学腐蚀和电化学腐蚀。为了避免和减少腐蚀，延长管道的使用寿命，对与空气接触的管道外部或保温结构外表面，可涂刷防腐涂料，对埋地的管道可设置绝缘防腐层。

管道绝热是工程上减少系统热量向外传递的保温和减少外部热量传入系统的保冷的统称，是设备安装工程的重要施工内容之一。绝热的主要目的是减少热量、冷量的损失，节约能源，提高系统运行的经济性和安全可靠性。对于高温设备和管道，保温能改善劳动环境，防止操作人员被烫伤，有利于安全生产；对于低温设备和管道，保冷能提高外表面温度，避免出现结露和结霜现象，也可避免人的皮肤与之接触而受冻。

绝热结构一般由防锈层、保温层（或保冷层）、保护层和防腐层及识别标志组成。绝热施工应当按照设计规定的绝热材料、绝热层厚度和绝热结构进行施工，以确保工程质量。

9.5.2 冷热源及管网防腐与绝热工程施工工艺

1. 施工工艺流程

1）防腐工程施工工艺流程

除锈和去污 → 涂料配制 → 涂料施工 → 质量检验 → 成品保护

2）绝热工程施工工艺流程

清理除锈 → 防锈 → 绝热层施工 → 防潮层施工 → 保护层施工 →

防腐层施工 → 质量验收 → 成品保护

2. 操作要点

1）绝热层施工

绝热层在防锈层的外面，是绝热结构的主要部分，所用材料为设计选定的绝热材料，其作用是防止热量的传递；防锈层的材料多为防锈漆涂料或沥青冷底子油直接涂刷于干燥洁净的管道或设备表面上，以防止金属受潮后产生锈蚀。

冷热源及管网绝热工程的施工，应在管路系统强度与严密性检验合格和防腐处理结束后进行。常用的施工方法有：涂抹法、预制绑扎法、缠包捆扎法、填充法、浇灌法等。

2）保护层和防潮层安装

保护层在绝热层外面，常用的材料有玻璃丝布、油毡纸玻璃丝布、金属薄板、石棉石膏及石棉水泥等，其作用是阻挡环境和外力对绝热材料的影响，延长保温结构寿命，并使绝热结构外形整齐美观；绝热结构最外面是防腐层及识别标志，其作用在于保护保护层不被腐蚀，一般采用耐气候性较强的涂料直接涂刷在保护层上，有时为区别管道内的不同介质，常用不同颜色的涂料涂刷，因此，也起识别标志作用。

保冷管道的绝热层外设置防潮层（隔汽层），目的在于防止结露、保证绝热效果。保护层是用来保护隔汽层的（具有隔汽性的闭孔绝热材料，可认为是隔汽层和保护层）。

输送介质温度低于周围空气露点温度的管道，当采用非闭孔性绝热材料绝热而不设防潮层（隔汽层）和保护层，或者虽然设置但不完整、有缝隙时，空气中的水蒸气易被暴露的非闭孔性绝热材料吸收或从缝隙中流入绝热层而产生凝结水，使绝热材料的导热系数急剧增大、绝热性能降低、冷量损失加大。因此，要求非闭孔性绝热材料的防潮层（隔汽层）和保护层必须完整，且封闭良好。

3）防腐层施工

钢材基层表面处理为手工机械相结合，除锈检查合格后立即进行底漆的涂刷，当天来不及涂漆或在涂漆前被雨淋，则应在涂漆前重新处理。由于设备工艺管线防腐局部修复较多，防腐施工人员必须与其他部门紧密配合，保证严格按照设计要求施工，保质保量定期完成。涂料的涂装采用刷涂和滚涂的施工方法。在涂漆作业前，需对油漆充分搅拌，以保证均匀混合，不得有漆皮等杂物。不同类型的油漆不得混用。涂漆的环境必须清洁，不得有煤烟、灰尘和水汽。当空气中的湿度过高，容易使水汽泡裹在涂层内部，发生涂层泛白或气泡，甚至剥落或整张揭起。严禁在雨、雾、雪和大风中露天作业。

施工时刷纹应通顺，颜色一致，涂装应均匀，无明显皱皮、流淌现象。油漆涂层不允许大面积透底、流坠和皱皮，不允许有漏涂和返锈现象，亮度应均匀，漆膜附着力应良好。

埋地敷设的金属管道主要有碳钢管和铸铁管。埋地敷设的铸铁管耐腐蚀性强，只涂一、两层沥青漆即可。埋地敷设的碳钢管需要根据土壤的腐蚀程度及穿越铁路、公路、河流等情况确定防腐措施。目前我国埋地管道防腐主要采用沥青绝缘防腐。沥青绝缘防腐层有普通防腐、加强防腐和特加强防腐三种结构。普通防腐适用于一般土壤；埋地管道在穿越铁路、公路、河流、盐碱沼泽地、山洞等地段及腐蚀性土壤时，一般采取加强防腐；穿越电车轨道和电气铁路下的土壤时采取特加强防腐。对一些腐蚀性高的地区或重要的管线，可采用电化保护防腐措施。

当管道较多时，为了便于区分和管理，常将明装管道的外表面或保温层的外表面涂以不同颜色的涂料、色环和箭头，以区别管道内流动介质的种类和流动方向。涂色外加色环是为了进一步区分同类介质之间的差别，如各种水蒸气管都涂红色，这就不能区分管内介质是饱和蒸汽还是过热蒸汽，此时，可在涂色管道上面加涂色环。加涂黄色色环即为过热蒸汽，绿色色环为废气，而饱和蒸汽只涂红色不加色环。这样用管外的颜色和加刷的色环，就能区分管内介质的类别。所涂色环的间距以分布均匀和便于观察为原则，在弯头和管道穿墙处必须加色环，在直线管段上一般以5m左右为宜，色环宽度按管外径（包括保温层外径）大小来确定，外径小于150mm的管道，色环宽度采用30mm；外径150～300mm的管道，色环宽度为50mm；外径大于300mm的管道，色环宽度可适当加大。

用箭头表明管内的介质流动方向时，如果介质可两个方向流动时，应标出两个相反方向的箭头，箭头一般为白色或黄色，底色浅者可将箭头涂成红色或其他颜色。

9.5.3 冷热源及管网防腐与绝热工程质量检验

（1）每一层漆膜均应进行检查，不得有漏涂、气泡、脱皮、皱皮、鼓包等缺陷，漆膜致密完整。

（2）面漆涂刷应无咬底、渗色现象，表面光滑、光亮，无流挂、堆积、针孔等缺陷。

（3）对漆膜有厚度要求时，应使用漆膜测厚仪检测漆膜厚度，厚度应符合设计要求。

（4）绝热材料层应密实，无裂缝、空隙等缺陷。表面应平整，当采用卷材或板材时，允许偏差为 5mm；采用涂抹或其他方式时，允许偏差为 10mm。防潮层（包括绝热层的端部）应完整，且封闭良好；其搭接缝应顺水。

检查数量：管道按轴线长度抽查 10%；部件、阀门抽查 10%，且不得少于 2 个。

检查方法：观察检查、用钢丝刺入保温层、尺量。

（5）绝热涂料作绝热层时，应分层涂抹，厚度均匀，不得有气泡和漏涂等缺陷，表面固化层应光滑，牢固无缝隙。

检查数量：按数量抽查 10%。

检查方法：观察检查。

（6）当采用玻璃纤维布作绝热保护层时，搭接的宽度应均匀，宜为 30～50mm，且松紧适度。

检查数量：按数量抽查 10%，且不得少于 10m²。

检查方法：尺量、观察检查。

（7）管道阀门、过滤器及法兰部位的绝热结构应能单独拆卸。

检查数量：按数量抽查 10%，且不得少于 5 个。

检查方法：观察检查。

（8）管道绝热层的施工，应符合下列规定。

① 绝热产品的材质和规格，应符合设计要求，管壳的粘贴应牢固、铺设应平整；绑扎应紧密，无滑动、松弛与断裂现象。

② 硬质或半硬质绝热管壳的拼接缝隙，保温时不应大于 5mm、保冷时不应大于 2mm，并用粘结材料勾缝填满；纵缝应错开，外层的水平接缝应设在侧下方。当绝热层的厚度大于 100mm 时，应分层铺设，层间应压缝。

③ 硬质或半硬质绝热管壳应用金属丝或难腐织带捆扎，其间距为 300～350mm，且每节至少捆扎 2 道。

④ 松散或软质绝热材料应按规定的密度压缩其体积，疏密应均匀。毡类材料在管道上包扎时，搭接处不应有空隙。

检查数量：按数量抽查 10%，且不得少于 10 段。

检查方法：尺量、观察检查及查阅施工记录。

（9）管道防潮层的施工应符合下列规定。

① 防潮层应紧密粘贴在绝热层上，封闭良好，不得有虚粘、气泡、褶皱、裂缝等缺陷。

② 立管的防潮层，应由管道的低端向高端敷设，环向搭接的缝口应朝向低端；纵向的搭接缝应位于管道的侧面，并顺水。

③ 卷材防潮层采用螺旋形缠绕的方式施工时，卷材的搭接宽度宜为 30～50mm。

检查数量：按数量抽查 10%，且不得少于 10m。

检查方法：尺量、观察检查。

（10）金属保护壳的施工，应符合下列规定。

① 应紧贴绝热层，不得有脱壳、褶皱、强行接口等现象。接口的搭接应顺水，并有凸筋加强，搭接尺寸为 20～25mm。采用自攻螺丝固定时，螺钉间距应匀称，并不得刺破防潮层。

② 户外金属保护壳的纵、横向接缝，应顺水；其纵向接缝应位于管道的侧面。金属保护壳与外墙面或屋顶的交接处应加设泛水。

检查数量：按数量抽查 10%。

检查方法：观察检查。

（11）冷热源机房内制冷系统管道的外表面，应做色标。

检查数量：按数量抽查 10%。

检查方法：观察检查。

9.6 空调与采暖设备及系统的调试与节能

9.6.1 空调与采暖设备及系统的调试与节能简述

空调与采暖系统的冷热源和辅助设备及管道和室外管网系统安装完毕后，为了达到系统正常运行和节能的预期目标，规定必须进行空调与采暖系统冷热源和辅助设备的单机试运转及调试和系统的联合试运转及调试。调试必须编制调试方案。单机试运转及调试，是工程施工完毕后进行系统联合试运转及调试的先决条件，是一个较容易执行的项目。只有单机试运转及调试合格后才能进行联合试运转及调试。

系统的联合试运转及调试，是指系统在有冷热负荷和冷热源的实际工况下的试运转和调试。联合试运转及调试结果应满足《建筑节能工程施工质量验收规范》（GB 50411）的相关要求。当建筑物室内空调与采暖系统工程竣工不在空调制冷期或采暖期时，联合试运转及调试只能进行部分内容。因此，施工单位和建设单位应在工程（保修）合同中进行约定，在具备冷热源条件后的第一个空调期或采暖期期间再进行联合试运转及调试，并补做规范要求的另外两项内容。补做的联合试运转及调试报告应经监理工程师（建设单位代表）签字确认后，再补充完善验收资料。由于各系统的联合试运转受到工程竣工时间、冷热源条件、室内外环境、建筑结构特性、系统设置、设备质量、运行状态、工程质量、调试人员技术水平和调试仪器等诸多条件的影响和制约，是一项技术性较强、很难不折不扣地执行的工作。但是，它又是非常重要且必须完成好的工程施工任务。

对空调与采暖系统冷热源和辅助设备及管网系统的单机试运转及调试和系统的联合试运转及调试的具体要求，可参照《通风与空调工程施工质量验收规范》（GB 50243）的有关规定。

9.6.2 空调与采暖设备及系统的调试施工工艺

1. 施工工艺流程

调试准备 → 设备单机试运转及调试 → 水系统的测定与调整 →

与室内系统联合试运转及调试 → 室内参数的测定与调整 → 水系统的测定与调整

2. 设备单机调试

1）制冷机组

制冷机组的单机调试应在冷冻水系统和冷却水系统正常运行的过程中进行，由制冷机组厂家技术人员完成，施工单位配合。

制冷机组主要检验、测试的内容：蒸发器、冷凝器气压及水压试验；整机强度试验；氦检漏；电气接线测试；绝缘测试；运转测试等。各项测试的结果应符合设计和设备技术文件的要求，然后进行不少于 8h 的试运转。

各保护继电器、安全装置的整定值应符合技术文件规定，其动作应灵敏可靠；机组的响声、振动、压力、温度、温升等应符合技术文件的规定，并记录各项数据。

2）冷却塔

冷却塔进水前，应将冷却塔布水槽、集水盘内清扫干净。冷却塔风机的电绝缘应良好，风机旋转方向应正确。冷却塔试运转时，应检查风机的运转状态和冷却水循环系统的工作状态，并记录运转中的情况及有关数据，如无异常情况，连续运转时间应不少于 2h。冷却塔试运转结束后，应将集水盘清洗干净，如长期不使用，应将循环管路及集水盘中的水全部排出，防止设备冻坏。

3）锅炉

锅炉的单体调试必须在燃烧系统、供水系统、供气（油）系统、安全阀、配电及控制系统均能正常运行的条件下进行。

（1）锅炉调试的内容：锅炉所有转动设备的转向、电流、振动、密封、噪声等检测，各保护连锁定值的设定；水位保护、安全连锁指示调整；燃烧系统连锁保护调整。

（2）锅炉试运行及调试。

锅炉热态运行调试的内容：检测锅炉各控制单元动作是否正常；检测锅炉尾气排放数值；熄火保护调试；超压保护调试；低水位保护调试；低气压保护调试；超温保护调试；安全复位保护调试。

煮炉结束后将锅炉加至正常水位，启动燃烧器，调节气压及风门、风压，保证启动调节正常（烟囱无黑烟、燃烧平稳无异响）。燃烧正常后，拔出光敏电阻，手动控制光敏电阻，检查熄火保护。排污至低水位，检查锅炉自动进水，再排污至极低水位，检查锅炉在极低水位是否切断燃烧。锅炉升压后，根据需要调节 1 号压力控制器，转换成小火运行，待锅炉运行至用户需要的最高压力后，调节 2 号压力控制器，使锅炉自动停炉。排放蒸汽，降低炉内蒸汽压力，待降至适当压力时，调节 1 号压力控制器，使锅炉在此压力下自动启动。待锅炉重新升压后，调节 3 号压力控制器，并模拟超压，锅炉此时应自动停炉并切断启动电源。检查锅炉各承压部件是否有泄漏现象。完成上述检查设定后，重新启动锅炉，正常运行，检查各环节是否正常。

安全阀定压：先调整开启压力较高的安全阀，后调整开启压力较低的安全阀。安全阀定压工作完成后，应做一次安全阀自动排汽试验，合格后铅封，同时将开启压力、回座压力记入《锅炉安装质量证明书》中。

各项调试由锅检所专业人员在场监督验收，由锅检所出具验收报告并办理使用许可证，锅炉即可投入正常运行。

4）水泵

水泵试运转前，应检查水泵和附属系统的部件是否齐全，用手盘动水泵应轻便灵活、正常，不得有卡碰现象。试运转前，应将入口阀打开、出口阀关闭，待水泵启动后缓慢开启出口阀门。

水泵正常运转后，定时测量轴承温升，所测温度应低于设备说明书中的规定值，如无规定值时，一般滚动轴承的温度不大于 75℃，滑动轴承的温度不大于 70℃。运转持续时间不小于 2h。

3. 系统联动调试与检测

空调与采暖系统的联动调试应在风系统的风量平衡调试结束和冷冻水、冷却水及热水循环系统均运转正常的条件下进行。系统联动调试分手动控制调试和自动控制调试两步，本章主要介绍手动控制调试。

1）空调冷（热）水、冷却水系统的调试

系统调试前应对管路系统进行全面检查，应保证：支架固定良好；试压、冲洗用的临时设施已拆除，系统已复原；管道保温已结束等。将调试管路上的手动阀门、电动阀门全部开到最大状态，开启排气阀。向系统内充水，充水过程中要有人巡视，发现漏水情况应及时处理。系统冲满水后启动循环水泵和冷却塔，观察各部位的压力表和流量计读数及冷却塔集水盘的水位，流量和压力应符合设计要求。

调试定压装置。采用高位水箱的，应调试浮球阀的进水水位至最佳位置；采用低位定压装置的，应调试其正常工作压力、启泵压力、停泵压力至设计要求。

调整循环水泵进出口阀门开启度，使其流量、扬程达到设计要求（总流量与设计流量的偏差不应大于 10%）。同时观察分水器、集水器上的压力表读数和压差是否正常，如不正常，调整压差旁通控制系统，直至达到设计要求（压差旁通控制系统手动调试只能粗调）。

调整管路上的静态平衡阀，使其达到设计流量。调试水处理装置、自动排气装置等附属设施，使其达到设计要求。最后投入冷、热源系统及空调风管系统，进行系统的联动调试与检测。

2）供热系统联动调试与检测

开启锅炉房分汽缸或分水器的阀门，向空调系统供热，调整减压阀后的压力至设计要求。调试换热装置进汽（热水）管上的温控装置，使换热装置出口的温度、压力、流量等达到设计要求。观察分水器、集水器及空调末端水系统的温度，应符合设计要求。

供热系统调试过程中，应检查锅炉及附属设备的热工性能和机械性能；测试给水水质、炉水水质、炉膛温度、排烟温度及烟气的含尘、含硫化合物、一氧化碳、二氧化碳等有害物质的浓度是否符合国家规定的排放标准（此项应事先委托环保部门测试）；测试锅炉的出率（即发热量或蒸发量）、压力、温度等参数；同时测试给水泵、油泵、除氧水泵等的相关参数。

3）供冷系统联动调试

制冷机组投入系统运行后，进行水量、温度、压力、电流、油温等参数及控制的调试。

9.6.3 空调与采暖设备及系统的调试与节能质量检验

1. 单机试运转及调试与节能质量检验

（1）制冷机组、单元式空调机组的试运转，应符合设备技术文件和现行国家标准《制冷设备、空气分离设备安装工程施工及验收规范》（GB 50274）的有关规定，正常运转不应少于 8h。

（2）冷却塔本体应稳固，无异常振动，其噪声应符合设备技术文件的规定。冷却塔风机与冷却水系统循环试运行不少于 2h，运行应无异常情况。

（3）水泵叶轮旋转方向应正确，无异常振动和声响，紧固连接部位无松动，其电动机运行功率值应符合设备技术文件的规定。水泵连续运转 2h 后，滑动轴承外壳最高温度不得超过 70℃，滚动轴承不得超过 75℃。

（4）自控阀门和仪表操作应灵活、可靠，信号输出应正确，电动两通阀和电动调节阀可根据设定的温度，通过调节流经空调机组的水流量使空调冷热水系统实现变流量的节能运行。水力平衡装置可通过对系统水力分布的调整与设定，保持系统的水力平衡，保证获得预期的空调和供热效果。

（5）风机、空调机组、风冷热泵等设备运行时，产生的噪声不宜超过产品性能说明书的规定值。

（6）风机盘管机组的三速、温控开关的动作应正确，并与机组运行状态一一对应。

2. 系统联合试运转及调试与节能质量标准与检查方法

（1）系统无生产负荷的联合试运转及调试应满足：系统总风量调试结果与设计风量的偏差不应大于 10%；空调冷热水、冷却水总流量测试结果与设计流量的偏差不应大于 10%；舒适空调的温度、相对湿度应符合设计的要求。恒温、恒湿房间室内空气温度、相对湿度及波动范围应符合设计规定。

检查数量：按风管系统数量抽查 10%，且不得少于 1 个系统。

检查方法：观察、旁站、查阅调试记录。

（2）通风工程系统无生产负荷联动试运转及调试还应满足：系统联动试运转中，设备及主要部件的联动必须符合设计要求，动作协调、正确，无异常现象；系统经过平衡调整，各风口或吸风罩的风量与设计风量的允许偏差不应大于 15%；湿式除尘器的供水与排水系统运行应正常。

（3）空调工程系统无生产负荷联动试运转及调试还应满足：空调工程水系统应冲洗干净、不含杂物，并排除管道系统中的空气；系统连续运行应达到正常、平稳；水泵的压力和水泵电机的电流不应出现大幅波动。系统平衡调整后，各空调机组的水流量应符合设计要求，允许偏差为 20%，见表 9-13；各种自动计量检测元件和执行机构的工作应正常，满足建筑设备自动化（BA、FA 等）系统对被测定参数进行检测和控制的要求；多台冷却塔并联运行时，各冷却塔的进、出水量应达到均衡一致；空调室内噪声应符合设计规定要求；有压差要求的房间、厅堂与其他相邻房间之间的压差，舒适性空调正压为 0～25Pa；工艺性的空调应符合设计的规定；有环境噪声要求的场所，制冷、空调机组应按现行国家标准《采暖通风与空气调节设备噪声声功率级的测定——工程法》（GB 9068）的规定进行测定。洁净室内的噪声应符合设计的规定。

表 9-13　联合试运转及调试检测项目的允许偏差或规定值

序号	检测项目	允许偏差或规定值
1	室内温度	冬季不得低于设计计算温度 2℃，且不应高于 1℃； 夏季不得高于设计计算温度 2℃，且不应低于 1℃

续表

序号	检测项目	允许偏差或规定值
2	供热系统室外管网的水力平衡度	$0.9 \sim 1.2$
3	供热系统的补水率	$\leqslant 0.5\%$
4	室外管网的热输送效率	$\geqslant 0.92$
5	空调机组的水流量	$\leqslant 20\%$
6	空调系统冷热水、冷却水总流量	$\leqslant 10\%$

检查数量：按系统数量抽查10%，且不得少于1个系统或1间。

检查方法：观察、用仪表测量检查及查阅调试记录。

本 章 小 结

空调与采暖系统的冷热源及管网节能工程是建设节能中重要部分之一。在施工过程中，技术人员应首先合理分项控制，编制详细合理的施工方案和验收文件，具体可以参照国家颁布的相关规范的内容。

习 题

一、单选题

1. 室外管网热输送效率应不小于（   ）。

A. 0.9 　　　　B. 0.8 　　　　C. 0.7 　　　　D. 0.4

2. 通风与空调系统安装完毕，应进行通风机和空调机组等设备的单机试运转和调试，并应进行系统的风量平衡调试。风口的风量和系统的总风量与设计风量的允许偏差不应大于（   ）。

A. 10%和15% 　　　　　　　B. 15%和20%

C. 15%和10% 　　　　　　　D. 20%和10%

3. 冷源能耗占空调能耗的（   ）。

A. 15% 　　　　B. 65% 　　　　C. 85% 　　　　D. 40%

4. 热交换器安装时，应使装有放液阀的一端比另一端低约（   ）。

A. 20～30mm 　　B. 10～20mm 　　C. 30～40mm 　　D. 40～50mm

5. 螺杆式制冷压缩机安装时，应对基础进行找平，其纵、横向不水平度不应超过（   ）。

A. 1/1000 　　B. 2/1000 　　C. 1/2000 　　D. 1/500

6. 水泵找平、找正后，减振器的压缩量应均匀一致，偏差不大于（   ）。

A. 3mm 　　　　B. 5mm 　　　　C. 4mm 　　　　D. 2mm

7. 要求同一厂家同材质的绝热材料复验次数不得少于（   ）。

A. 4次 　　　　B. 1次 　　　　C. 2次 　　　　D. 3次

8. 锅炉中心线应与基础基准线相吻合，偏差（   ）。

A. ≤2mm 　　　B. ≤3mm 　　　C. ≤4mm 　　　D. ≤5mm

9. 锅炉本体安装应有（   ）的坡度，坡向排污装置。

A. 0.2％ B. 0.3％ C. 0.5％ D. 1％

10. 按规范要求做好准备工作，然后烘炉。烘炉时整体快装锅炉均采用轻型炉墙，根据炉墙潮湿程度，一般烘烤时间为（   ）。

A. 1～2d B. 2～3d C. 4～8d D. 3～6d

11. 升压煮炉时，当压力升至 0.4MPa 时，连续煮炉（   ），煮炉结束停火。

A. 8h B. 10h C. 12h D. 14h

12. 当采用玻璃纤维布作绝热保护层时，搭接的宽度应均匀，宜为（   ），且松紧适度。

A. 10～20mm B. 20～30mm

C. 30～50mm D. 40～50mm

二、多选题

1. 复验时，应对绝热材料的（   ）等技术性能参数进行见证取样送检。

A. 导热系数 B. 密度 C. 气密性 D. 吸水率

E. 含湿量

2. 绝热涂料作绝热层时，应（   ）。

A. 分层涂抹 B. 厚度均匀

C. 不得有气泡和漏涂等缺陷 D. 表面固化层应光滑

E. 牢固无缝隙

3. 制冷机组主要检验、测试的内容有（   ）。

A. 灌水试验 B. 运转测试 C. 绝缘测试 D. 电气接线测试

E. 整机强度试验

4. 制冷机组投入系统运行后，应进行（   ）等参数及控制的调试。

A. 水量 B. 温度 C. 压力 D. 电流

E. 油温

5. 煮炉结束后将锅炉加至正常水位，启动燃烧器，调节（   ），保证启动调节正常（烟囱无黑烟、燃烧平稳无异响）。

A. 风量 B. 气压 C. 风门 D. 风速

E. 风压

6. 调整循环水泵进出口阀门开启度，使其（   ）达到设计要求。

A. 流量 B. 温度 C. 扬程 D. 电流

E. 功率

7. 水冲洗应以管道排出口处的（   ）与管道入水口处的目测一致为合格。

A. 水量 B. 水色 C. 压力 D. 透明度

E. 水温

8. 冷却塔进水前，应将冷却塔（   ）清扫干净 。

A. 布水槽 B. 风机 C. 循环管路 D. 集水盘

E. 电动机

9. 制冷系统的液体管从液体干管引支管时，应从干管的（   ）接出。

A. 上部 B. 底部 C. 侧面 D. 中间

E. 斜上方

10. 在通风工程系统无生产负荷联动试运转及调试中，恒温、恒湿房间室内空气温度、相对湿度及波动范围应符合哪些设计规定？（   ）

A. 设备及主要部件的联动必须符合设计要求

B. 系统总风量与设计风量的允许偏差不应大于 15％

C. 舒适空调的温度、相对湿度符合设计的要求

D. 空调冷热水、冷却水总流量测试结果与设计流量的偏差不应大于 10％

E. 湿式除尘器的供水与排水系统运行应正常

三、问答题

1. 说明涂刷涂料的方法及注意事项。

2. 对绝热材料有何要求？

3. 试述绝热结构的组成及主要选用材料。

4. 简述几种绝热施工方法的要点及要求。

5. 绝热施工注意事项有哪些？

6. 直埋供热管道与非直埋供热管道在热伸缩问题中有何共性和差异？

7. 直埋供热管道的保温结构有哪几种形式？简述发泡保温结构的现场制作方法。

8. 室外管道在什么情况下进行预先试验和最终试验？如何进行渗水量试验？

9. 锅炉安装准备工作主要内容有哪些？

10. 设备基础的检查验收的内容和方法是什么？

11. 锅筒安装前应进行哪些检查？检查方法是什么？

12. 锅炉本体水压试验的压力如何确定？水压试验合格标准是什么？

13. 烘炉、煮炉的目的是什么？其合格的标准是什么？

综 合 实 训

【实训目标】

（1）熟悉冷水机组的基本构成。

（2）熟悉冷水机组运行管理的内容和要求。

（3）了解冷水机组运行中常见故障的分析和处理方法。

【实训要求】

（1）记录冷水机组的型号规格和性能参数。

（2）了解开机与停机的操作程序和操作要求。

（3）观察运行情况，记录运行参数，分析运行日志表。

（4）了解机组的保护环节，保护参数。

（5）了解运行中的常见故障及处理方法。

第 10 章

配电与照明节能工程

教学目标

本章介绍了配电与照明节能工程的施工。通过本章的学习，了解配电照明节能技术和发展简况及配电照明节能技术标准现状；熟悉照明光源、灯具及附属装置的节能规定及配电线缆和设备的节能；熟悉裸母线安装节能工程和电线敷设节能工程施工工艺；掌握裸母线的连接及导线的连接，保证连接可靠、接触电阻最低，降低接触电阻产生的电能损耗；掌握裸母线安装节能工程质量检验和电线敷设节能工程质量检验方法和要求。

教学要求

分项要求	对应的具体知识与能力要求	权重
了解知识	（1）配电照明节能技术及发展简况 （2）配电照明节能技术标准现状 （3）照明光源、灯具及附属装置的节能规定 （4）配电线缆和设备的节能	20%
掌握知识	（1）裸母线安装节能工程施工工艺 （2）电线敷设节能工程施工工艺	50%
习得能力	（1）裸母线节能安装施工与质量检验的能力 （2）电线节能敷设施工与质量检验的能力	30%

引 例

在民用建筑中，电能的消耗比例大致上是：空调用电占到建筑用电的 $40\%\sim50\%$ ，水泵等设备用电占 $10\%\sim15\%$ ，其他设备用电占 $10\%\sim15\%$ ，而照明用电占 $15\%\sim25\%$ ，成为用电量仅次于制冷空调的重要负荷。从这些数据中可以看出，在建筑耗能方面，空调和照明占到了举足轻重的比例。其中建筑照明量大面广，照明工程中光源、灯具、启动设备、照明方式及其控制的选用，变压器的经济运行，减少线路能量损耗及提高系统功率因数等环节，均蕴含着巨大的节能潜力，不仅能有效缓和电力供需矛盾，节约能源，改善环境，而且还有显著的经济效益。

1997 年，我国开始了照明产品能效标准的研究工作，并于 1999 年 11 月正式发布我国第一个照明产品能效标准《管型荧光灯镇流器能效限定值及节能评价值》（GB 17896—1999）。之后，我国加快了照明产品能效标准的研究、制定工作，先后组织研究制定了自镇流荧光灯、双端荧光灯、高压钠灯和金属卤化物灯以及高压钠灯镇流器、金属卤化物灯镇流器、单端荧光灯能效标准。到目前为止，我国已正式发布的照明产品能效标准已有 8 项，从数量和质量两方面讲，我国照明产品能效标准的研究水平已位居世界前列。

10.1 概 述

10.1.1 配电照明节能技术及发展简况

国外照明节能大力推动绿色照明，从光源的材料和使用上加以有效管理，出台了一系列的标准和管理要求，将照明节能推广到全民范围；不断提高功率器件性能要求，主要体现在镇流装置上技术提高，通过对镇流器技术改进来提高照明设备的功率因数。

"绿色照明"概念的提出源于 20 世纪 90 年代的美国。1991 年，美国环保局（EPA）提出了一项提高照明用电效率、减少空气污染的行动计划，被形象地命名为"绿色照明计划"。作为当时一项独具特色的节能行动计划，"绿色照明"在美国取得了前所未有的成功，很快得到了国际社会的广泛认可和积极响应。从此，"绿色照明"一词即成为照明节电的代名词。

美国、欧盟、日本、俄罗斯都有"绿色照明计划"；世界银行，全球环境基金组织（GEF）有墨西哥高效照明项目；全球环境基金组织（GEF）/国际金融组织（IFC）有波兰高效照明项目、高效照明七国项目（ELI）等。

1996 年 9 月原国家经济贸易委员会制定并印发了《中国绿色照明工程实施方案》，提出实施绿色照明工程的主要目的是发展和推广高效照明器具，逐步替代传统的低效照明电光源。

"中国绿色照明工程"发展和推广的高效照明器具主要包括紧凑型荧光灯、细管型荧光灯、高压钠灯、金属卤化物灯等高效电光源；以电子镇流器、高效电感镇流器、高效反射灯罩等为主的照明电器附件；以调光装置、声控、光控、时控、感控等为主的光源控制器件。

现在我国建筑室内绿色照明在技术上主要是采用高效、节能型的照明光源。

室内照明光源主要以各种形式的荧光灯为主，包括有高频荧光灯、紧凑型荧光灯、三基色荧光灯、自镇流型荧光灯、高频无极感应灯等。

家庭及小面积采用自镇流一体化节能灯，办公、商业等大型公共建筑大面积群装采用PLC插拔四针电子灯管配套高性能电子镇流器。

根据我国实施绿色照明工程以来的经验和国际的发展趋势，今后照明节能的发展方向将主要如下。

(1) 采用高效光源和配套电器(已经取得能效认证的光源和配套电器)。用更高效率替代原有较低效率：如用节能灯替代白炽灯(含石英灯)；或采用节能电子镇流器代替传统电感镇流器；用高亮度光源替代原有较低亮度光源，如三基色灯管替代卤粉灯管，如图10.1所示。

(2) 采用高效的灯具，如图10.2所示。

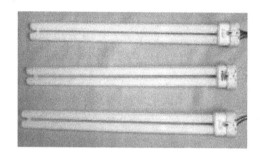

图 10.1　三基色灯管

图 10.2　高效的灯具

(3) 在照明控制中采用智能化管理，对照明采取动态调整和控制，使实际照度和耗电达到最佳匹配。

(4) 合理照明，节约多余的照明光(多余的照明不仅浪费能源，还会造成光污染)。

10.1.2　配电照明节能技术标准现状

照明节能途径一般包括：照度的确定、照明光源的选择、照明灯具及其附属装置的选择、照明控制及管理、采用智能化照明、推广绿色照明工程等。

我国有关建筑配电与照明的现有节能标准如下。

1.《建筑照明设计标准》(GB 50034—2004)

本规范适用于新建、改建和扩建的居住、公共和工业建筑的照明设计。

其主要内容包括照明方式、照明种类及照明光源选择，照明灯具及其附属装置选择，照明节能评价，照明数量和质量，照明标准值，照明节能，照明配电及控制，照明管理与监督等。

2.《建筑节能工程施工质量验收规范》(GB 50411—2007)

本规范适用于新建、改建和扩建的民用建筑工程中墙体、幕墙、门窗、屋面、地面、采暖、通风与空调、空调与采暖系统的冷热源及管网、配电与照明、监测与控制等建筑节能工程施工质量的验收。

其主要内容包括墙体节能工程，幕墙节能工程，门窗节能工程，屋面节能工程，地面节能工程，采暖节能工程，通风与空调节能工程，空调与采暖系统冷热源及管网节能工程，配电与照明节能工程，监测与控制节能工程，建筑节能工程现场检验，建筑节能分部工程质量验收等。

3.《民用建筑电气设计规范》（JGJ 16—2008）

本规范适用于城镇新建、改建和扩建的单体及群体民用建筑的电气设计，不适用于人防工程的电气设计。规范要求：民用建筑电气设计应采用各项节能措施，推广应用节能型设备，降低电能消耗。

其主要内容包括供配电系统，配变电所，继电保护及电气测量，自备应急电源，低压配电，配电线路布线系统，常用设备电气装置，电气照明，民用建筑物防雷，接地及安全，火灾自动报警与联动控制，安全技术防范，有线电视和卫星电视，广播、扩声与会议系统，呼应信号及信息显示，建筑设备监控系统，计算机网络系统，通信网络系统，综合布线系统，电磁兼容，电子信息设备机房，锅炉房热工检测与控制，住宅（小区）电气设计等。

4.《住宅建筑电气设计规范》（JGJ 242—2011）

本规范适用于城镇新建、改建和扩建的住宅建筑的电气设计，不适用于住宅建筑附设防空地下室工程的电气设计。

其主要内容包括供配电系统，配变电所，自备电源，低压配电，配电线路布线系统，常用设备电气装置，电气照明，防雷与接地，信息设施系统，信息化应用系统，建筑设备管理系统，公共安全系统，机房工程等。

5.《建筑电气工程施工质量验收规范》（GB 50303—2002）

本规范适用于满足建筑物预期使用功能要求的电气安装工程施工质量验收，适用电压等级为 10kV 及以下。

其主要内容包括主要设备、材料、半成品进场验收，工序交接确认，架空线路及杆上电气设备安装，变压器、箱式变电所安装，成套配电柜、控制柜（屏、台）和动力、照明配电箱（盘）安装，低压电动机、电加热器及电动执行机构检查接线，柴油发电机组安装，不间断电源安装，低压电气动力设备试验和试运行，裸母线、封闭母线、插接式母线安装，电缆桥安装和桥架内电缆敷设，电缆沟内和电缆竖井内电缆敷设，电线导管、电缆导管和线槽敷设，电线、电缆穿管和线槽敷线，槽板配线，钢索配线，电缆头制作、接线和绝缘测试，普通灯具安装，专用灯具安装，建筑物景观照明灯、航空障碍标志灯和庭院灯安装，开关、插座、风扇安装，建筑物照明通电试运行，接地装置安装，避雷引下线与变配电室接地干线敷设，接闪器安装，建筑物等电位联结，分部（子分部）工程验收等。

10.1.3　照明光源、灯具及附属装置的节能规定

（1）照明光源、灯具及其附属装置的选择必须符合设计要求，进场验收时应对相关技术性能进行核查，并经监理工程师（建设单位代表）检查认可，形成相应的验收、核查记录。质量证明文件和相关技术资料应齐全，并应符合国家现行有关标准和规定。

（2）在通电试运行中，应测试并记录照明系统的照度和功率密度值。要求在无外界光源的情况下，检测被检区域内平均照度和功率密度，且每种功能区检查不少于 2 处。

① 照度值不得小于设计值的 90%。

图 10.3　节能型变压器

② 功率密度值应符合《建筑照明设计标准》（GB 50034—2004)中的规定。

③ 照明控制方式应符合设计要求，采用方便、灵活的节能控制。

10.1.4　配电与照明节能工程的配电线缆和设备要求

用于配电与照明节能工程的配电线缆和设备应节省有色金属、减少电能损耗，选用低损耗、高效能的节能型产品，如节能型变压器(图 10.3)等。

10.2　裸母线安装节能工程

10.2.1　裸母线安装节能简述

在变电所中各级电压配电装置的连接，以及变压器等电气设备和相应配电装置的连接，大都采用裸母线。母线的作用是汇集、分配和传输电能。同时，在变电所中，进出线之间需要一定的电气安全间隔，所以无法从一处同时引出多个回路，而采用母线装置才能保证电路接线的安全性和灵活性。

由于母线在运行中有巨大的电能通过，为了降低母线接触电阻产生的电能损耗，在施工上应保证母线连接可靠、接触电阻最低。

降低母线接触电阻，除了可以节能以外，还能减少发热，降低母线的运行温度，保证母线长期可靠运行，延长母线的使用寿命等。

10.2.2　裸母线安装节能工程施工工艺

1. 施工工艺流程

测量放线 → 支架制作安装 → 绝缘子安装 → 穿墙套管安装 →

母线矫正 → 下料 → 母线加工 → 母线连接 →

母线安装 → 母线涂相色 → 送电前检查 → 运行验收

2. 裸母线节能安装

1) 测量放线

检查母线敷设方向有无障碍物，有无与建筑结构或设备管道、通风等安装部件交叉的现象。检查预留孔洞、预埋铁件的尺寸、标高位置是否与图纸相符。

母线安装于箱、柜内时，应核对与其他部件及设备元件的电气安全距离。

根据上述检查，测量放线确定各段支架和母线的加工尺寸。

2) 支架制作安装

用角钢或槽钢制作母线支架，严禁采用电气焊切割。支架上的螺孔宜加工成长孔。当混凝土墙、梁、柱、板有预埋件时，支架应焊接在预埋板上；无预埋件时，可采用钢制膨胀螺栓固定，具体可参见《建筑电气安装工程图集》。

母线拉紧装置的安装：当硬母线跨梁、柱或屋架敷设时，需在母线终端或中间安装终端或中间拉紧装置，其拉紧固定支架宜带有调节螺栓的拉线，拉线的固定点应能承受 1.2 倍的拉线张力。拉紧装置做法可参见《建筑电气安装工程图集》。

3）绝缘子安装

绝缘子安装前应检查绝缘子外观有无裂纹和缺损，用兆欧表测试其绝缘，其绝缘值大于 1MΩ 为合格。6～10kV 支柱绝缘子安装前必须做耐压试验。

绝缘子夹板、长板的规格应与母线的规格相适应并且安装应牢固。

固定绝缘子时，应在绝缘子上、下接触面间各垫一个不小于 1.5mm 厚度的橡胶垫或石棉垫。

4）穿墙套管安装

穿墙套管的安装一般有两种方式。一种方式是由土建预制混凝土穿墙套管板（图 10.4）；另一种方式是用金属穿墙套管板（图 10.5）。具体做法参照《建筑电气安装工程图集》（JD1-108、JD1-109）。

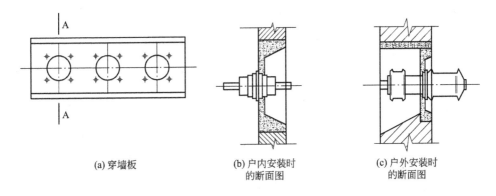

(a) 穿墙板　　(b) 户内安装时的断面图　　(c) 户外安装时的断面图

图 10.4　混凝土穿墙套管板上的套管安装

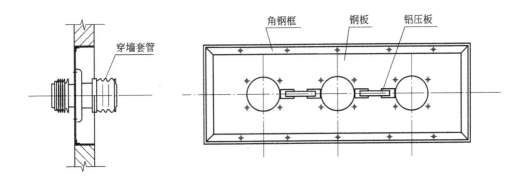

图 10.5　在金属穿墙板上的套管安装

5）母线矫正

硬母线在安装前必须进行矫正使其平直。矫正的方法有手工矫正和机械矫正两种：手工矫正时，把母线放在平台上或表面平直光滑的大型型钢上，应用木槌直接敲打使其平直，严禁用铁锤。当母线尺寸和硬度较大时，可用母线矫正机来矫正。

6) 下料

母线切断常用手锯或砂轮机作业,严禁用电焊、气焊进行切割。

7) 母线加工

母线的弯曲有平弯、立弯和扭弯三种形式,矩形母线应进行冷弯,不得进行热弯。母线的弯曲应用专用工具(母线煨弯器)冷煨,弯曲处不得有裂纹及明显的皱褶。

母线的弯曲及加工制作要求应符合《电气装置安装工程母线装置施工及验收规范》(GB 50149)的规定。

图 10.6 常用裸母线连接件

8) 母线连接

母线的连接应采用焊接、贯穿螺栓连接或夹板及夹持螺栓搭接;管形和棒形母线应用专用线夹连接,严禁用内螺纹管接头或锡焊连接。母线与母线、母线与电器接线端子搭接时,其搭接面必须平整、清洁,并涂电力复合脂。常用裸母线连接件如图 10.6 所示。

(1) 母线的螺栓连接。

母线螺栓的搭接要求、接头螺孔的直径及接触面的要求等应符合《电气装置安装工程母线装置施工及验收规范》(GB 50149)的规定。

(2) 母线的焊接。

焊接方法:硬母线的焊接有多种方法,常用的有气焊、二氧化碳保护焊和氩弧焊。

焊接位置:焊缝距离弯曲点或支柱绝缘子边缘不得小于 50mm,同一相如有多片母线,其焊缝应互相错开且不得小于 50mm。

焊接的技术要求:铝和铝合金母线的焊接应采用氩弧焊,铜母线焊接可采用 201 号或 202 号紫铜焊条、301 号可焊粉或硼砂,为节约材料,也可用废电线或废电缆芯线替代焊条,但表面应光洁无腐蚀并须擦净油污,方可施焊。焊接前应当用铜丝刷清理母线焊口处的氧化层,将母线用耐火砖等垫平对齐,防止错口。焊口处根据母线规格留出 1~5mm 的间隙,然后由焊工施焊,焊缝对口应平直,不得错口,必须双面焊接,焊缝凸起呈弧形,上部应有 2~4mm 的加强高度,角焊缝加强高度为 4mm。焊缝不得有裂纹、夹渣、未焊透及咬肉等缺陷,焊完后应趁热用足够的水清洗掉焊药。

9) 母线安装

(1) 母线在绝缘子上的固定。

螺栓固定:首先在母线上对应的固定位置钻螺栓孔,然后将母线用螺栓直接固定在绝缘子上,如图 10.7(a)所示。

夹板固定:首先将母线放入绝缘子顶部的上下两夹板中,然后用夹板上的两个螺栓固定,如图 10.7(b)所示。

卡板固定:先将母线放入长板内,然后将卡板沿顺时针方向旋转一定角度卡住母线,如图 10.7(c)所示。

(2) 母线安装的最小安全距离见图 10.8 及表 10-1。

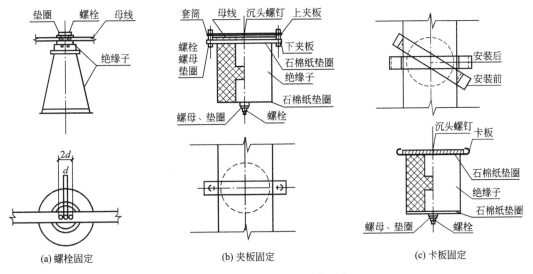

图 10.7　母线在绝缘子上的固定

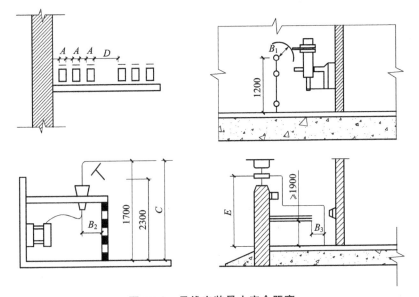

图 10.8　母线安装最小安全距离

表 10-1　室内配电装置最小安全净距(mm)

项　目	额定电压(kV)			
	0.4	1～3	6	10
带电部分至地及不同相带电部分之间(A)	20	75	100	125
带电部分至栅栏(B_1)	800	825	850	875
带电部分至网状遮拦(B_2)	100	175	200	225
带电部分至板状遮拦(B_3)	65	105	130	155
无遮拦裸导体至地面(C)	2300	2375	2400	2425
不同分段的无遮拦裸导体间(D)	1875	1875	1900	1925
出线套管至室外通道路面(E)	3650	4000	4000	4000

（3）母线支持点的间距，对低压母线不得大于900mm，对高压母线不得大于1200mm。低压母线垂直安装且支持点间距无法满足要求时，应加装母线绝缘夹板(图10.9)。

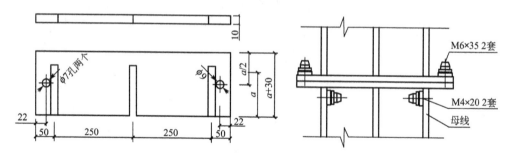

图 10.9　母线用绝缘夹板固定

（4）母线在支持点固定：对水平安装的母线应采用开口元宝卡子，对垂直安装的母线应采用母线夹板，如图10.10所示。

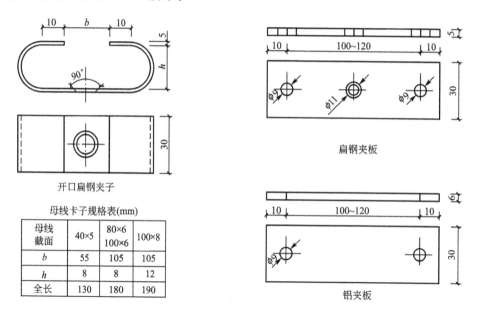

开口扁钢夹子

扁钢夹板

铝夹板

母线卡子规格表(mm)

母线截面	40×5	80×6 100×6	100×8
b	55	105	105
h	8	8	12
全长	130	180	190

图 10.10　母线在支持点的固定方法

（5）穿墙隔板的安装做法如图10.11所示。

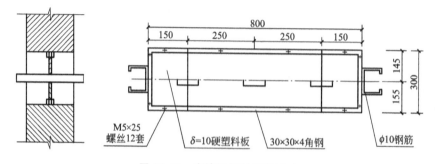

M5×25
螺丝12套　　δ=10硬塑料板　　30×30×4角钢　　φ10钢筋

图 10.11　穿墙隔板的安装尺寸

（6）母线补偿装置的安装：母线补偿装置应采用与母线相同材质的伸缩节或伸缩接头。当设计无规定时，宜每隔下列长度设一个：铝母线为 20～30m；铜母线为 30～50m；钢母线为 35～60m。母线补偿装置如图 10.12 所示。

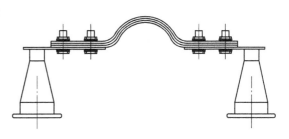

图 10.12 母线补偿装置

10）母线涂相色漆

母线安装时，其相应的排列应符合表 10-2 的规定。

表 10-2 母线的相序排列

母线的相位排列	三线时	四线时	直流母线
水平（由盘后向盘面）	A—B—C	A—B—C—N	＋（正极），－（负极）
上下布置（由上向下）	A—B—C	A—B—C—N	＋（正极），－（负极）
面对引下线（由左至右）	ABC	ABCN	＋（正极），－（负极）

在母线安装完毕后，要对母线进行涂漆处理，且涂漆应均匀、整齐，不得流坠或污染设备。涂漆颜色应符合表 10-3 的规定。

表 10-3 母线的涂漆

母线相位	涂色	母线相位	涂色
A 相交流母线	黄	PE 母线	黄绿相间
B 相交流母线	绿	直流正母线	赭
C 相交流母线	红	直流负母线	蓝
N 母线	淡蓝	—	—

设备接线端，母线搭接或卡子、夹板处，明设地线的接线螺栓两侧 10～15mm 内均不得涂漆。

11）送电前检查

裸母线安装完毕后，要全面进行检查，清理工作现场的工具、杂物，保持现场清洁，无关人员离开现场。

螺栓连接应牢固，金属构件加工和焊接质量应符合要求；所有螺栓、垫圈、弹簧垫圈、螺母均应齐全可靠，油漆应完好，相色应正确，接地应良好，母线相间及对地电气距离应符合要求。

12）运行验收

母线通电前应进行耐压试验，低压母线采用兆欧表测试。

送电要有专人负责，送电程序为先高压后低压，先干线后支线，先隔离开关后负荷开关。停电时与上述顺序相反。

送电后应进行母线核相试验。

母线进行空载和有载运行时，电压、电流应指示正常，并进行记录。经过 24h 安全可靠运行后，即可办理验收移交手续，并通知有关单位。

10.2.3 裸母线安装节能工程质量检验

（1）母线表面应平整光滑，表面无明显划痕，不能有裂纹、折叠、夹杂物、变形和扭曲。

（2）母线螺栓搭接面应平整，镀层覆盖应完整，无起皱和麻面。

（3）母线螺栓搭接尺寸。

母线与母线或母线与电器接线端子，采用螺栓搭接连接时，母线螺栓搭接尺寸应符合表 10-4 的规定。

表 10-4　母线螺栓搭接尺寸(mm)

搭接形式	类别	序号	连接尺寸			钻孔要求		螺栓规格
			b_1	b_2	a	ϕ(mm)	个数	
	直线连接	1	125	125	b_1 或 b_2	21	4	M20
		2	100	100	b_1 或 b_2	17	4	M16
		3	80	80	b_1 或 b_2	13	4	M12
		4	63	63	b_1 或 b_2	11	4	M10
		5	50	50	b_1 或 b_2	9	4	M8
		6	45	45	b_1 或 b_2	9	4	M8
	直线连接	7	40	40	80	13	2	M12
		8	31.5	31.5	63	11	2	M10
		9	25	25	50	9	2	M8
	垂直连接	10	125	125	—	21	4	M20
		11	125	100~80	—	17	4	M16
		12	125	63	—	13	4	M12
		13	100	100~80	—	17	4	M16
		14	80	80~63	—	13	4	M12
		15	63	63~50	—	11	4	M10
		16	50	50	—	9	4	M8
		17	45	45	—	9	4	M8
	垂直连接	18	125	50~40	—	17	2	M16
		19	100	63~40	—	17	2	M16
		20	80	63~40	—	15	2	M14
		21	63	50~40	—	13	2	M12
		22	50	45~40	—	11	2	M10
		23	63	31.5~25	—	11	2	M10
		24	50	31.5~25	—	9	2	M8

搭接形式	类别	序号	连接尺寸			钻孔要求		螺栓规格
			b_1	b_2	a	ϕ(mm)	个数	
	垂直连接	25	125	31.5～25	60	11	2	M10
		26	100	31.5～25	50	9	2	M8
		27	80	31.5～25	50	9	2	M8
	垂直连接	28	40	40～31.5	—	13	1	M12
		29	40	25	—	11	1	M10
		30	31.5	31.5～25	—	11	1	M10
		31	25	22	—	9	1	M8

（4）母线与母线或母线与电器接线端子，当采用螺栓搭接连接时，应采用力矩扳手拧紧，拧紧力矩应符合表 10-5 的规定，数量按检验批抽查 10%。

表 10-5　母线搭接螺栓的拧紧力矩

序号	螺栓规格	力矩值(N·m)	序号	螺栓规格	力矩值(N·m)
1	M8	8.8～10.8	5	M16	78.5～98.1
2	M10	17.7～22.6	6	M18	98.0～127.4
3	M12	31.4～39.2	7	M20	156.9～196.2
4	M14	51.0～60.8	8	M24	274.6～343.2

10.3　电线敷设节能工程

10.3.1　电线敷设节能简述

在供配电系统中，电能通过导线传输时有相当一部分能耗是损失在线路上的，而在导线的接头处损耗的电能也不容忽视，因为在整个供配电系统中导线的接头数量是巨大的。因此为了降低导线接触电阻产生的电能损耗，在施工上应保证导线连接可靠、接触电阻最低。

同时，在电气安装工程中，导线连接是一项非常重要的工序，因为线路故障多发生在导线接头处，线路能否安全可靠运行，导线接头的连接质量起着决定性的作用。

另外，导线连接还需要注意：在剖切导线绝缘层时，不应损伤芯线；芯线相互连接后，绝缘带应包缠均匀紧密，其强度应不低于导线原绝缘强度；在接线端子根部与导线绝缘层之间的空隙处，应采用绝缘带包缠紧密；截面为 10mm² 及以下的单股铜、铝芯线可直接与电气器具、设备的接线端子连接；截面为 2.5mm² 及以下的多股铜芯线应先拧紧搪锡或焊、压接线端子，而多股芯线和截面为 2.5mm² 及以上的多股铜芯线应压接或焊接端子后(用电设备、器具自带插接式端子除外)，再与用电设备、器具的接线端子连接；使用压接法连接铜(铝)芯导线时，连接管、接线端子、压模的规格应与线芯截面相符，压接深度、压口数量和压接长度应符合产品技术文件的有关规定要求；使用气焊法或电弧焊接法进行铜(铝)芯导线连接时，焊缝应饱满、表面应光滑，即焊缝的周围应凸起呈半圆形的加强高度，凸起高度为线芯直径的 0.15～0.3 倍，并不应有裂缝、夹渣、凹陷、断股及根部未焊合等缺陷，焊缝的外形尺寸应符合焊接工艺评定文件的有关规定要求，导线焊接后，接头处的残余焊药和焊渣应清除干净，焊剂应无腐蚀性；在配线的分支接线处，应保证干线不受支线的横向拉力等。

10.3.2 电线敷设节能工程施工工艺

图 10.13 线鼻子

导线连接时应注意接头不能增加电阻值、受力导线不能降低原机械强度、不能降低原绝缘强度、导线接头不得置于导管内(而应置于接线盒中)等。导线连接前应先剥削绝缘层，由于各种导线截面、绝缘层厚薄程度、分层多少等不同，使用的剥削工具也不同，常用的工具有电工刀、克丝钳和剥线钳，一般 4mm² 以下的导线原则上使用剥线钳，使用电工刀时，不允许用刀在导线周围转圈剥削。导线连接常用线鼻子如图 10.13 所示。

施工工艺流程：

剥导线的绝缘层 → 导线的连接 → 搪锡 → 恢复导线绝缘 → 线路绝缘测试

1. 剥导线的绝缘层

常用的导线绝缘层剥线方法有以下几种。

(1) 单层剥法：使用剥线钳应选大一级线芯的刃口剥线，防止损伤线芯。使用克丝钳剥线时，用刃部轻轻剪破绝缘层，不能损伤线芯，然后一手握钳子前端，另一手捏紧导线，两手以相反方向抽拉，以此力来勒去导线端部绝缘层，但应用力适当，否则会勒断芯线。

(2) 分段剥法：一般适用于多层绝缘导线的剥削，如编织橡皮绝缘线，用电工刀先削去外层编织层，并留有约 12mm 长的绝缘层，线芯长度根据接线方法和要求的机械长度而定，然后再剥绝缘层。

(3) 斜削法：先用电工刀以 45°角切入绝缘层，当切近线芯时停止用力，接着将刀面的倾斜角度改为 15°左右，沿着线芯表面向线头端部推出，然后把残存的绝缘层剥离线芯，用刀口插入背部以 45°角削断。

2. 导线的连接

常见的导线连接方法有以下几种。

1) 单芯铜导线的直线连接

(1) 绞接法：适用于 4mm² 及以下的单芯线连接。将两线互相交叉，用双手同时把两芯线互绞 2 圈后，再扳直与连接线成 90°，将一个线芯在另一个线芯上缠绕 5 圈，剪掉余头，如图 10.14 所示。

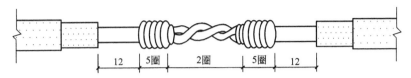

图 10.14　单芯铜导线的直线绞接连接做法示意图

（2）缠卷法：有加辅助线和不加辅助线两种，适用于 6mm² 及以上的单芯线的直接连接。将两线相互合并，加一根同径芯线作辅助线后，用绑线在合并部位从中间向两端缠绕，其缠绕长度为导线直径的 10 倍，然后将两线芯端头折回，在此向外再单独缠绕 5 圈，与辅助线捻绞 2 圈，将余线剪掉。

2）单芯铜导线的分支连接

（1）绞接法：适用于 4mm² 及以下的单芯线。用分支线路的导线向干线上交叉，先打好一个圈节，然后再缠绕 5 圈，剪去余线。具体做法如图 10.15 所示。

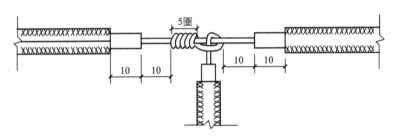

图 10.15　单芯铜导线的分支绞接连接做法示意图

（2）缠卷法：适用于 6mm² 及以上的单芯线的分支连接。将分支线折成 90°紧靠干线，其缠绕长度为导线直径的 10 倍，单边缠绕 5 圈后剪断余下线头。具体做法如图 10.16 所示。

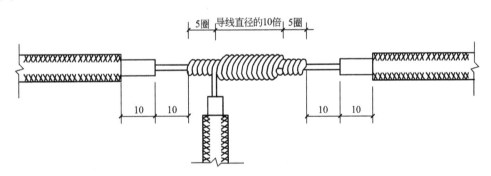

图 10.16　单芯铜导线的分支缠卷连接做法示意图

3）多芯铜线的直线连接

多芯铜线的连接共有三种方法：单卷法、缠卷法、复卷法。不管使用哪种方法，首先均需用细砂布将线芯表面的氧化膜清除，再将两线芯的结合处的中心线剪掉一段，将外侧线芯做成伞状分开，相互交叉成一体，并将已张开的线端合成一体。交叉方法做法如图 10.17 所示。

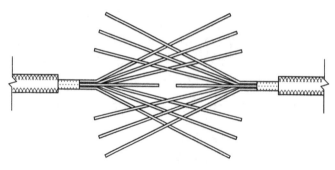

图 10.17　交叉方法做法示意图

（1）单卷法：取任意两根相邻芯线，在结合处中央交叉，用其中的一根线芯作为绑线，在另一侧的导线上缠绕 5～7 圈后，再用另一根芯线与绑线相绞后把原来的绑线压在下面继续按上述方法缠绕，缠绕长度为导线直径的 5 倍，最后缠卷的线端与一余线捻绞 2 圈后剪断。另一侧的导线依次进行。注意应把线芯相绞处排列在一条直线上，具体做法如图 10.18 所示。

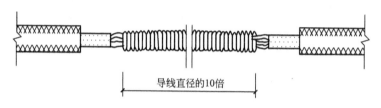

图 10.18　多芯铜线单卷法直线连接做法示意图

（2）缠卷法：使用一根绑线时，用绑线中间在导线连接中部开始向两端缠绕，其缠绕长度为导线直径的 10 倍，余线与其中一根连接线芯线捻绞 2 圈，余线剪掉。

（3）复卷法：适用于多芯软导线的连接。把合拢的导线一端用短绑线做临时绑扎，将另一端线芯全部紧密缠绕 3 圈，多余线端依阶梯形剪掉，另一侧也按此方法处理。

4）多芯铜导线分支连接

（1）缠卷法：将分支线折成 90°紧靠干线，在绑线端部相应长度处弯成半圆形，将绑线短端弯成与半圆形成 90°角，并与连接线紧靠，用较长的一端缠绕，其长度应为导线结合处直径的 5 倍，再将绑线两端捻绞 2 圈，剪掉余线，如图 10.19 所示。

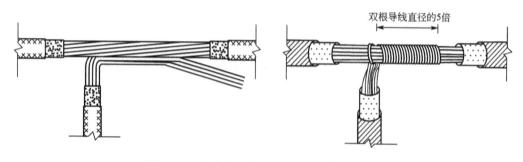

图 10.19　多芯铜导线分支缠卷法连接示意图

（2）单卷法：将分支线破开，根部折成 90°紧靠干线，用分支线中的一根在干线上缠绕 3～5 圈后剪断，再用另一根继续缠绕 3～5 圈后剪断，按此方法直至连接到双根导线直径的 5 倍时为止，应保证各剪断处在同一直线上，如图 10.20 所示。

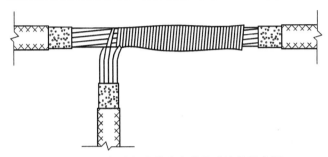

图 10.20　多芯铜导线分支单卷法连接示意图

（3）复卷法：将分支线端破开劈成两半后，与干线连接处中央相交叉，将分支线向干线两侧分别紧密缠绕后，余线按阶梯形剪断，长度为导线直径的 10 倍，如图 10.21 所示。

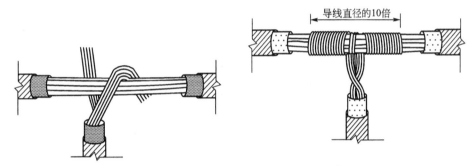

图 10.21　多芯铜导线分支复卷法连接示意图

5）铜导线并接

（1）单芯线并接：将连接线端并齐合拢，在距绝缘层约 15mm 处用其中一根线芯在其连接端缠绕 5～7 圈后剪断，把余线头折回压在缠绕线上，如图 10.22 所示。

（2）多芯线并接：将绞线破开顺直并合拢，另用绑线同多芯导线分支连接缠绕法弯制绑线，在合拢线上缠卷，其长度为双根导线直径的 5 倍。

（3）使用压线帽连接：将导线绝缘层剥去 8～10mm（按帽的型号决定），清除线芯表面的氧化物，按规格选用配套的压线帽，将线芯插入压线帽的压接管内，线芯插到底后，导线绝缘层应和压接管平齐，并包在帽壳内，用专用压接钳压实即可。

6）压接接线端子

多股导线可采用与导线同材质且规格相应的接线端子，削去导线的绝缘层，将线芯紧密地绞在一起，将线芯插入，用压接钳压紧。导线外露部分应小于 1～2mm，如图 10.23 所示。

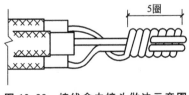

图 10.22　接线盒内接头做法示意图

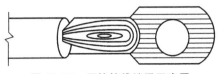

图 10.23　压接接线端子示意图

7) 导线与平压式接线柱连接

(1) 单芯线连接：用改锥压接时，导线要顺着螺钉旋进方向在螺钉上紧绕一圈后再紧固，不允许反圈压接，盘圈开口不宜大于 2mm。

(2) 多股铜芯软线连接：一种方法是先将软线做成单眼圈状，涮锡后再用上述方法连接。另一种方法是将软线拧紧涮锡后插入接线鼻子(开口和不开口两种)，用专用压线钳压接后用螺栓紧固。

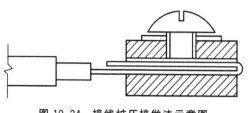

图 10.24 接线桩压接做法示意图

注意：以上两种方法压接后外露线芯的长度不宜超过 1～2mm。

8) 导线与针孔式接线桩连接(压接)

把要连接的导线线芯插入线桩头针孔内，导线裸露出针孔大于导线直径 1 倍时需要折回头插入压接，如图 10.24 所示。

3. 搪锡

对于线径较小的导线的连接及用其他工具焊接困难的场所，导线连接处加焊剂，用电烙铁进行锡焊。另外也可以先将焊锡放入锅内，然后用喷灯(或电炉)加热，焊锡熔化后即可进行涮锡。加热时要掌握好温度，温度过高涮锡不饱满，温度过低涮锡不均匀。因此要根据焊锡的成分、质量及外界环境温度等因素，掌握好适宜的温度进行锡焊。锡焊完后必须将锡焊处的焊剂及其他污物擦净。

4. 恢复导线绝缘

首先用塑料绝缘带从导线接头处始端的完好绝缘层开始，缠绕 1～2 个绝缘带宽度，再以半幅宽度重叠进行缠绕。在包扎过程中应尽可能地收紧绝缘带。最后在绝缘层上缠绕 1～2 圈后，再进行回缠。采用橡胶绝缘带包扎时，应将其拉长 2 倍后再进行缠绕，然后再用黑胶布包扎，包扎时要衔接好，以半幅宽度边压边进行缠绕，同时在包扎过程中收紧胶布，导线接头处两端应用黑胶布封严密。包扎后应呈枣核形。

5. 线路绝缘测试

照明线路的绝缘测试一般选用 500V，量程为 0～500MΩ 的兆欧表。

电气器具未安装前进行线路绝缘测试时，首先将灯头盒内导线分开，开关盒内导线连通。测试应将干线和支线分开，测试时应及时进行记录，兆欧表的摇动速度应保持在 120r/min 左右，读数应采用 1min 后的读数为宜。

电气器具全部安装完后，在送电前进行测试时，应先将线路的开关、刀闸、仪表、设备等用电开关全部置于断开位置，测试方法同上所述，确认绝缘测试无误后再进行送电试运行。

10.3.3 电线敷设节能工程质量检验

(1) 材料性能要求。

低压配电系统选择的电缆、电线截面不得低于设计值，进场时应对其截面和每芯导体电阻值进行见证取样送检。每芯导体电阻值应符合表 10-6 的规定。

表 10-6 不同标称截面的电缆、电线每芯导体最大电阻值

标称截面 (mm²)	20℃ 时导体最大电阻(Ω/km) (圆铜导体,不镀金属)	标称截面 (mm²)	20℃ 时导体最大电阻(Ω/km) (圆铜导体,不镀金属)
0.5	36.0	35	0.524
0.75	24.5	50	0.387
1	18.1	70	0.268
1.5	12.1	95	0.193
2.5	7.41	120	0.153
4	4.61	150	0.124
6	3.08	185	0.0991
10	1.83	240	0.0754
16	1.15	300	0.0601
25	0.727		

(2) 交流单芯电缆或分相后的每相电缆宜品字形(三叶形)敷设,且不得形成闭合铁磁回路。

(3) 三相照明配电干线的各相负荷宜分配平衡。在建筑物照明通电试运行时开启全部照明负荷,使用三相功率计检测各相负载电流、电压和功率,其最大相负荷不宜超过三相负荷平均值的 115%,最小相负荷不宜小于三相负荷平均值的 85%。

(4) 工程安装完成后应对低压配电系统进行调试,调试合格后,在已安装的变频和照明等可产生谐波的用电设备均可投入的情况下,使用三相电能质量分析仪在变压器的低压侧测量。

① 供电电压允许偏差:三相供电电压允许偏差为标称系统电压的 ±7%;单相 220V 为 +7%、-10%。

② 公共电网谐波电压限值为 380V 的电网标称电压,电压总谐波畸变率(THDu)为 5%,奇次(1~25 次)谐波含有率为 4%,偶次(2~24 次)谐波含有率为 2%。

③ 谐波电流不应超过表 10-7 中规定的允许值。

④ 三相电压不平衡度允许值为 2%,短时不得超过 4%。

表 10-7 谐波电流允许值

谐波次数	谐波电流允许值(A)	谐波次数	谐波电流允许值(A)
2	78	9	21
3	62	10	16
4	39	11	28
5	62	12	13
6	26	13	24
7	44	14	11
8	19	15	12

续表

谐波次数	谐波电流允许值(A)	谐波次数	谐波电流允许值(A)
16	9.7	21	8.9
17	18	22	7.1
18	8.6	23	14
19	16	24	6.5
20	7.8	25	12

注：标准电压380V，基准短路容量10MVA。

本 章 小 结

本章介绍了配电照明节能技术及发展简况，配电照明节能技术标准现状，照明光源、灯具及附属装置的节能规定及配电线缆和设备的节能技术，包括裸母线安装节能工程施工工艺、电线敷设节能工程施工工艺和相应的质量标准与检验方法。

习 题

一、单选题

1. 照度值不得小于设计值的(   )。
A. 80%   B. 90%   C. 100%   D. 110%

2. 对于 M8 的螺栓，母线搭接螺栓的拧紧力矩为(   )。
A. 8.8~10.8   B. 17.7~22.6   C. 31.4~39.2   D. 51.0~60.8

3. 对于 M20 的螺栓，母线搭接螺栓的拧紧力矩为(   )。
A. 78.5~98.1   B. 98.0~127.4   C. 156.9~196.2   D. 274.6~343.2

4. 对于 $4mm^2$ 及以下的单芯线用绞接法进行直线连接。将两线互相交叉，用双手同时把两芯线互绞 2 圈后，再扳直与连接线成 90°，将一个线芯在另一个线芯上缠绕(   )圈。
A. 2   B. 3   C. 4   D. 5

5. 对于 $6mm^2$ 及以上的单芯铜导线用缠卷法进行直线连接，有加辅助线和不加辅助线两种。将两线相互合并，加一根同径芯线作辅助线后，用绑线在合并部位中间向两端缠绕，其缠绕长度为导线直径的(   )倍，然后将两线芯端头折回，在此向外再单独缠绕 5 圈，与辅助线捻绞 2 圈，将余线剪掉。
A. 5   B. 6   C. 8   D. 10

6. 对于导线压接接线端子，导线外露部分应小于(   )。
A. 0.5~1mm   B. 1~2mm   C. 2~3mm   D. 3~4mm

7. 标称截面为 $0.5mm^2$ 的电缆或电线的不镀金属的圆铜导体，在 20℃ 时每芯导体最大电阻值为(   )Ω/km。
A. 36.0   B. 24.5   C. 18.1   D. 12.1

8. 标称截面为 $6mm^2$ 的电缆或电线的不镀金属的圆铜导体，在 20℃ 时每芯导体最大电阻值为(   )Ω/km。

A. 7.41　　　　　　B. 4.61　　　　　　C. 3.08　　　　　　D. 12.1

9. 标称截面为 $50mm^2$ 的电缆或电线的不镀金属的圆铜导体，在20℃时每芯导体最大电阻值为（　　）Ω/km。

A. 1.15　　　　　　B. 24.5　　　　　　C. 0.524　　　　　　D. 0.387

10. 标称截面为 $95mm^2$ 的电缆或电线的不镀金属的圆铜导体，在20℃时每芯导体最大电阻值为（　　）Ω/km。

A. 0.268　　　　　B. 0.193　　　　　C. 0.153　　　　　D. 0.124

11. 标称截面为 $185mm^2$ 的电缆或电线的不镀金属的圆铜导体，在20℃时每芯导体最大电阻值为（　　）Ω/km。

A. 0.0991　　　　B. 0.0754　　　　C. 0.0601　　　　D. 0.0553

12. 三相照明配电干线的各相负荷宜分配平衡。在建筑物照明通电试运行时开启全部照明负荷，使用三相功率计检测各相负载电流、电压和功率，其最大相负荷不宜超过三相负荷平均值的（　　）。

A. 85%　　　　　　B. 95%　　　　　　C. 115%　　　　　　D. 125%

13. 三相照明配电干线的各相负荷宜分配平衡。在建筑物照明通电试运行时开启全部照明负荷，使用三相功率计检测各相负载电流、电压和功率，其最小相负荷不宜小于三相负荷平均值的（　　）。

A. 85%　　　　　　B. 95%　　　　　　C. 115%　　　　　　D. 125%

14. 三相供电电压允许偏差为标称系统电压的（　　）。

A. ±7%　　　　B. +7%、−10%　　C. +10%、−7%　　D. ±10%

15. 单相220V供电电压允许偏差为标称系统电压的（　　）。

A. ±7%　　　　　B. +7%、−10%　　C. +10%、−7%　　D. ±10%

二、填空题

1. 裸母线安装节能工程施工工艺流程包括（　　　　　）、（　　　　　）、（　　　　　）、（　　　　　）、（　　　　　）、（　　　　　）、（　　　　　）、（　　　　　）、（　　　　　）、（　　　　　）、（　　　　　）等。

2. 电线敷设节能工程施工工艺流程包括（　　　　　　　）、（　　　　　　　）、（　　　　　）、（　　　　　）、（　　　　　）等。

3. "中国绿色照明工程"发展和推广的高效照明器具主要包括（　　　　　　）、（　　　　　）、（　　　　　）、（　　　　　　）等高效电光源。

4. 我国有关建筑配电与照明的节能标准有：（　　　　　　　　　）、（　　　　　　　　　　　）、（　　　　　）、（　　　　　　　　　）、（　　　　　　　　　）等。

三、问答题

1. 简述配电照明节能技术及发展简况。
2. 简述母线连接的方法和工艺。
3. 简述裸母线安装节能工程质量检验的要求。
4. 简述导线的连接的方法和工艺。
5. 简述电线敷设节能工程质量检验的要求。

综 合 实 训

【实训目标】

（1）掌握电工基本操作技能。

（2）培养使用电工刀和钢丝钳剥削各种导线的能力。

（3）掌握单股铜导线的直接连接和分支连接方法。

（4）掌握多股铜导线的直接连接和分支连接方法。

（5）具有恢复导线的绝缘层的能力。

【实训要求】

（1）牢固树立"文明实训、安全第一"的思想，保证实训安全。

（2）进入实训室必须服从安排，未经允许不准动用任何仪器设备及其他设施，以免造成安全事故。

（3）应严格按照设备操作规程及教师要求进行操作。

（4）实训过程中，应爱护实训设备（仪器），不得做与实训无关的事。

（5）实训完毕后，应检查电源等是否断开，并关好门窗，确定安全无误后方可离开。

第11章

监测与控制节能工程

✿ 教学目标

　　本章介绍了监测与控制节能工程施工的有关基本概念及相关知识。主要介绍了采暖、通风与空气调节及配电与照明监测系统构造、施工工艺和质量检验。

✿ 教学要求

分项要求	对应的具体知识与能力要求	权重
了解概念	(1) 监测与控制节能的基本概念 (2) 监测与控制系统的节能措施	25%
掌握知识	(1) 监测与控制节能工程施工工艺 (2) 系统节能性能的检测和验收	55%
习得能力	监测与控制节能工程施工与质量控制的能力	20%

引 例

建筑采暖、通风与空气调节及配电、照明系统是建筑的主要能耗大户。其运行优化管理、合理调度使用能源，在发挥节能效益方面显得尤其重要。

11.1 概　述

建筑监测与控制节能工程是建筑能源监测与控制系统及运行管理系统的节能工程，主要对象为采暖、通风与空调及配电与照明所采用的监测与控制系统、能耗计量系统以及能源管理系统。

建筑监测与控制节能工程应按不同设备、不同耗能用户采取相应的节能措施，设置监测计量系统，以便实施对建筑能耗的计量管理；设置能源管理系统，以保证建筑内所有设备和系统在不同工况下尽可能高效运行，实现节能目标，具体如下。

1. 监测与控制系统节能措施

（1）采暖与通风空调系统。最佳启停控制、变负荷需求控制、对新风与自然冷源的控制、时间表控制、变风量控制（AVA）和变流量控制。

（2）冷热源设备（冷水机组、锅炉等）台数群控制、最佳启停控制、冷热水供水温度控制、变流量控制、蓄热运转控制。

（3）照明控制。公共照明回路自动开关控制、调光控制、时间表控制，以及场景控制、路灯控制、窗帘控制，实现充分利用自然光和按照明需要对照明系统进行节能控制。

（4）供电控制。实现用电量计量管理、功率因数改善控制、自备电源负荷分配控制、变压器运行台数控制、谐波监测与处理等。

（5）给排水控制。实现恒压变频供水控制、中水处理与回用控制。

（6）室内温湿度冬夏季设定值限制管理与控制。

（7）电梯与自动扶梯控制。主要是电梯自动扶梯的启停管理与调度控制。

（8）维护结构与可再生能源系统控制。

（9）建筑能源系统的协调控制。

（10）建筑能源计量与建筑能源管理系统。

2. 建筑能源计量与建筑能源管理系统

（1）设立必要的能耗信息采集与显示系统，即通过电表、水表、气表、热（冷）量表、室内外温湿度计及其他传感器和变送器等现场仪表，对设备设施运行状况、运行能效等相关参数进行收集、显示、报警等，供运行人员在设备设施运行时，通过自控系统或人工实现调节控制功能及适当的维护维修措施，保证设备优化运行，保证设备设施的可维护性与可用性。根据需要也可对建筑物内不同业主用户的能耗进行计量，以便实行用户能源管理。

（2）对采集的数据进行分析，实现建筑能耗的优化管理，合理调度使用能源，保证在不同工况下使运行的建筑设备尽可能运行在各自的高效运行工作区内，各系统之间运行参数配置合理，达到运行节能的目的，实现建筑能耗的优化管理。

（3）严格执行设备运行管理和维修维护制度，保证在运设备的完好率。

（4）通过对节能数据进行分析，发现问题，制订合理的改进措施，实现运行节能管理所要求达到的期望值（目标值）。

监测与控制系统工程质量验收应按《智能建筑工程质量验收规范》（GB 50339）及《建筑节能工程施工质量验收规范》（GB 50411）的规定，建筑节能工程验收的程序和组织应遵守《建筑工程施工质量验收统一标准》（GB 50300）的要求，监测与控制系统仪表的安装应符合《自动化仪表工程施工及验收规范》（GB 50093）的有关规定。

11.2　监测与控制节能工程施工工艺

1. 施工准备

1）技术准备

（1）监测与控制系统的施工单位应依据国家相关标准的规定，对施工图设计进行复核，检查工程设计文件及施工图的完备性，建筑设备监控系统工程必须按已审批的施工图设计文件实施。当复核结果不能满足节能要求时，应向设计单位提出修改建议或联合系统集成商进行施工图的深化设计，由设计单位进行设计变更和确认，并经原节能设计审查机构批准。

（2）施工单位根据设计文件制订系统控制流程图和节能工程施工验收大纲。

（3）完善施工现场质量管理检查制度和施工技术措施：主要是指现场管理检查制度、施工安全措施、施工环境保护措施、施工技术标准、主要专业工种操作上岗证书检查、分包方确认与管理制度、施工组织设计和施工方案的审批、工程质量检验制度等。

（4）了解各个系统输入、输出装置的特点。

（5）技术人员向施工人员岗前培训及进行技术交底，做好记录。

（6）编制了施工方案，并且施工条件已经按方案准备就绪。

（7）应配备设计中使用的规范、标准及其他技术资料文件。

（8）复核设备及配件的型号、参数。

2）材料准备

（1）主要材料、构配件和设备的规格、型号、性能应与设计文件要求相符。

（2）主要材料、构配件和设备的合格证、中文说明书、型式检验报告、定型产品和成套技术应用型式检验报告、进场验收记录、见证取样送检复试报告等应齐备。

（3）进场材料、构配件和设备经过监理工程师进场验收签认。监督机构对建筑节能材料质量产生质疑时，配合监督机构对建筑节能材料委托具有相应资质的检测单位进行检测。

（4）控制设备功能必须达到设计要求，不得使用落后或淘汰产品。

（5）软件要经过测试，达到设计功能才能使用。

（6）查验材料和设备的合格证和随带技术文件，实行产品许可证和强制性产品认证的产品应有产品许可证和强制性产品认证标志。

（7）外观检查：铭牌、附件齐全，电气接线端子完好，设备表面无缺损，涂层完整。

（8）对计算机、服务器、数据存储设备、路由器、交换机、UPS电源等设备开箱后要进行通电自检，查看设备状态指示灯显示，检查设备启动是否正常，有序列号的设备要登记设备序列号。

（9）商业化的软件，如操作系统、数据库管理系统、应用系统软件、信息安全软件和网管软件等应做好使用范围的检查。

（10）由系统集成商编制的用户应用软件、用户组态软件及接口软件等应用软件，除进行功能测试和系统测试之外，还应根据需要进行容量、可靠性、安全性、可恢复性、兼容性、自诊断等多项功能测试，并保证软件的可维护性。

（11）按规定程序获得批准使用的新材料和新产品还应提供主管部门颁发的相关证明文件。

（12）进口产品还应该提供原产地证明和商检证明。配套提供的质量合格证明，检测报告及安装、使用、维护说明书等文件资料应有中文文本。

3）施工机具

（1）施工机械：电焊机、砂轮切割机、台钻等。

（2）施工工具：绝缘表、万用表、剥线钳、压接钳、尖嘴钳、电烙铁、电工刀、一字改刀、十字改刀、套筒扳手、内六角扳手、钢卷尺等各类电工工具及电气测试调试仪器仪表。

4）作业条件

（1）施工图纸经过批准并已进行图纸会审。

（2）施工组织设计或施工方案通过批准，经过了培训和交底。

（3）机房、弱电竖井的建筑施工已完成。

（4）预埋管及预留孔符合设计要求。

（5）采暖、通风与空调设备，配电与照明设备，其他动力设备安装就位，并应预留好设计文件中要求的控制信号接入点。

（6）节能控制系统的元器件、设备已经安装完成。

（7）各功能系统已经过单机调试和系统调试。

（8）土建、装饰工程已基本完成。

2. 监测与控制系统节能施工工艺

1）施工工艺流程

管盒预留预埋 → 支架制作安装 → 明配管 → 桥架安装 → 设备基础支架制作安装 → 线路敷设 → 设备安装 → 校接线 → 单体调试 → 系统调试 → 试运行 → 运行竣工验收

2）操作要点

（1）管盒预留预埋、支架制作安装、明配管、桥架安装、设备基础支架制作安装、线路敷设、设备安装、校接线施工应符合《自动化仪表工程施工及质量验收规范》（GB 50093）、《智能建筑工程质量验收规范》（GB 50339）、和《智能建筑工程施工工艺规程》（GB 50606)的规定。

（2）调试及试运行准备。

① 调试准备：工程实施前应进行相应的工序交接，做好与建筑结构、建筑装饰装修、建筑给排水及采暖、建筑电气、通风与空调、电梯等的接口确认。建筑设备监控系统在通电调试前，要对系统的全部设备包括各种变送器、执行器、接入引出的各类信号的线路敷设和接线进行认真检查，依据设计图纸和产品技术文件要求进行核对，没有经过检查严禁

擅自通电,以免造成设备的损坏。

② 各类输入信号的检查:按产品说明书和设计要求确认有源或无源的模拟量、数字量信号输入的类型,量程范围(容量),供电电源是否符合要求;按产品说明书和设计图纸要求确认各类变送器、输入信号的接线是否正确,包括与控制机和与外部设备的连接线;进行变送器的单独调试和满足产品的特殊要求的检查。

③ 各类输出信号的测试:按设备使用说明书和设计要求确定各类模拟量输出、ON/OFF 开关量输出的类型,量称范围(容量),供电电源是否符合要求;按产品说明书和设计图纸要求确认各类执行器、变频器及其他输出信号的接线是否正确,包括与控制机和外部设备的连接线;进行手动检查和从现场控制及模拟输出信号检查输出装置的动作是否正常,行程是否在要求的范围内。

④ 现场调试:根据"分散控制,集中管理"的策略,现场控制机一般是就地安装、就地控制,控制对象是一个或几个机组或设备。现场控制机调试前,机组或设备单机运行必须正常,各项参数应能满足系统的工艺要求(图 11.1)。

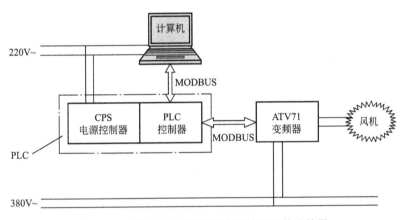

图 11.1 通风空调系统变频节能控制硬件连接图

⑤ 现场调试完毕后可进行试运行。

(3)调试及试运行内容及步骤。

① 所有输入的模拟量、数字量测量值在现场控制机显示正常,现场参数测量变送器工作正常。

② 所有输出的模拟量、开关量信号正常,被控设备在受控状态下工作正常,设备的工作状态反馈信号、执行器的位置反馈信号正常。

③ 在控制状态下,监控参数给定值、控制值和反馈值三者关系符合设计要求,控制响应时间符合要求。

④ 依据系统控制方案,被控各项参数满足系统工艺要求。

⑤ 现场控制机在开、关机时,被控系统的各个设备开、关机顺序工作正常。

⑥ 被控机组或设备与其他设备的连锁功能工作正常。

⑦ 抗干扰性测试,临近大型电气设备启动、停止或在同一电源中接入干扰源设备时,控制器工作正常、测量参数显示正常、被控设备运行正常。

⑧ 在现场模拟报警信号,在中央工作站显示器观察报警信号显示是否一致,且时间响应应满足设计要求。

⑨ 在中央工作站实现远动控制，观察设备动作情况和响应时间。

⑩ 查看历史数据和打印报表情况，调试合格后进行系统 168h 试运行。

3. 成品保护

(1) 对现场安装完成的设备，应采取包裹、遮盖、隔离等必要的防护措施，并应避免碰撞及损坏。

(2) 端子箱安装完毕后应注意箱门上锁，保护箱体不被污染。控制柜(盘)除采取防尘和防潮等措施外，机房应及时上锁。

(3) 施工过程中，遇有雷电、阴雨、潮湿天气时或者长时间停用设备时，应关闭电源总闸。

(4) 软件和系统配置的保护应符合下列规定。

① 更改软件和系统的配置应做好记录。

② 在调试过程中应每天对软件进行备份，备份内容应包括系统软件、数据库、配置参数、系统镜像。

③ 备份文件应保存在独立的存储设备上。

④ 系统设备的登录密码应有专人管理，不得泄露。

⑤ 计算机无人操作时应锁定。

11.3　监测与控制系统质量标准与验收

11.3.1　监测与控制系统质量标准与检验方法

1. 主控项目

(1) 监测与控制系统采用的设备、材料及附属产品进场时，应按照设计要求对其品种、规格、型号、外观和性能等进行检查验收，并应经监理工程师(建设单位代表)检查认可，且应形成相应的质量记录。各种设备、材料和产品附带的质量证明文件和相关技术资料应齐全，并应符合国家现行有关标准和规定。

检验方法：进行外观检查；对照设计要求核查质量证明文件和相关技术资料。

检查数量：全数检查。

(2) 监测与控制系统安装质量应符合以下规定。

① 传感器的安装质量应符合《自动化仪表工程施工及验收规范》(GB 50093)的有关规定。

② 阀门型号和参数应符合设计要求，其安装位置、阀前后直管段长度、流体方向等应符合产品安装要求。

③ 压力和压差仪表的取压点、仪表配套的阀门安装应符合产品要求。

④ 流量仪表的型号和参数、仪表前后的直管段长度等应符合产品要求。

⑤ 温度传感器的安装位置、插入深度应符合产品要求。

⑥ 变频器安装位置、电源回路敷设、控制回路敷设应符合设计要求。

⑦ 智能化变风量末端装置的温度设定器安装位置应符合产品要求。

⑧ 涉及节能控制的关键传感器应预留检测孔或检测位置，管道保温时应做明显标注。

检验方法：对照图纸或产品说明书目测和尺量检查。

检查数量：每种仪表按 20% 抽检，不足 10 台全部检查。

（3）通风与空调监测控制系统的控制功能及故障报警功能应符合设计要求。

目前节能效果好的空调系统是变风量空调系统，变风量空调系统在线故障检测与诊断软件可以监测变风量空气处理机组的运行状态及检测与诊断其故障，变风量空调系统在线故障诊断与检测如图 11.2 所示。现场控制器自动收集空调系统的运行数据，中央处理器持续地从现场控制器获取空调系统的实时运行数据，并将数据储存在数据库中（能源管理与控制系统每 5min 发送一次变风量空调系统运行数据到 SQL Server 数据库）。

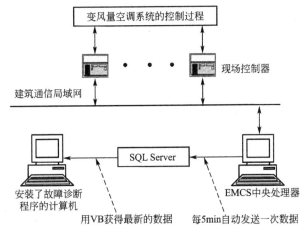

图 11.2　变风量空调系统在线故障诊断与检测

检验方法：在中央工作站使用检测系统软件，或采用在直接数字控制器或通风与空调系统自带控制器上改变参数设定值和输入参数值，检测控制系统的投入情况及控制功能；在工作站或现场模拟故障，检测故障监视、记录和报警功能。

检查数量：按总数的 20% 抽样检测，不足 5 台全部检测。

（4）通风与空调系统功能检测。

对空调系统进行温湿度及新风量自动控制、预定时间表自动启停、节能优化控制等功能进行检测。其中温湿度及新风量控制是空调系统控制的基本要求，应满足强制性条文的要求。着重检测系统测控点（温度、相对湿度、压差和压力等）与被控设备（风机、风阀、加湿器及电动阀门等）的控制稳定性、响应时间和控制效果，并检测设备连锁控制的正确性。

通风节能控制系统通过检测室内外的温湿度变化，将经过过滤的室外低温空气通过风机吸入机房给设备散热，从而关闭空调达到节能的目的。系统由通风节能控制器和上层监控软件组成，前置机软件通过通风节能控制器的 TCP/IP 模块轮询采集控制器数据，将数据打包后送往服务器，多个监控平台安装有监控平台软件，通过访问服务器数据来实现监测和控制（图 11.3）。

检验方法：在工作站或现场控制器模拟或人为改变测控点数值或状态，记录被控设备动作情况和响应时间。在工作站或现场控制器改变时间设定表，记录被控设备启停情况。在工作站模拟空气环境工况改变，记录设备运行状态变化。

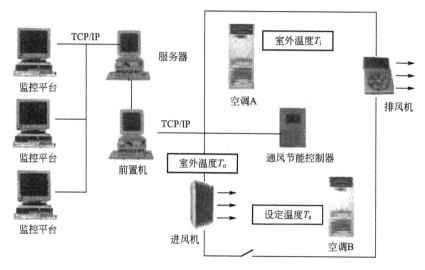

图 11.3　通风节能控制系统监测图

检查数量：每类系统不低于 20％，系统数量不大于 10 个时应全部检测。被抽检系统全部合格时为检测合格。

（5）变配电系统监控及功能检测。

对变配电系统的电气参数和电气设置工作状态进行检测，检测时利用工作站数据读取和现场测量的方法对电压、电流、有功(无功)功率、功率因数、用电量等各项参数的测量和记录进行准确性和真实性检查，显示的电力负荷及上述各参数的动态图性能比较准确地反映参数变化情况，并对报警信号进行验证。对高低压配电柜的运行状态、故障状态，电力变压器的温度，应急发电机组的工作状态、储油罐的液位计蓄电池组工作状态等参数全部检测。

电能质量在线监测系统结构图如图 11.4 所示，下位机系统由分布在各处的电能质量监

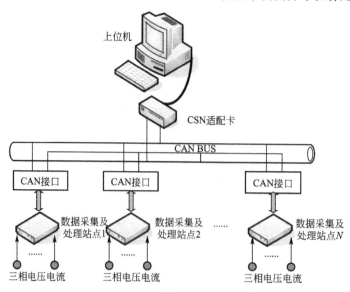

图 11.4　电能质量在线监测系统结构图

测装置组成，负责采集和处理监测点的电能质量的实时数据。并将数据通过 CAN 通信通道传送到监控中心。上位机主要负责接收来自各个监测点的下位机上传的数据，通过软件对数据进行统计和分析，以波形和数据形式显示给用户，形成各电能质量参数的趋势图，并通过 Microsoft Office Access 数据库存储数据，上位机界面显示如图 11.5 和图 11.6 所示。

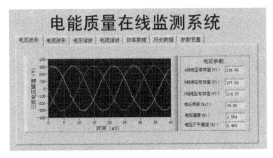

图 11.5　电能质量在线监测系统界面

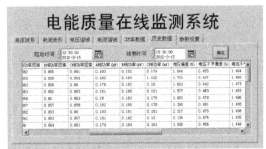

图 11.6　历史数据查询界面

检验方法：现场仪表检测。

检查数量：抽检数量应不低于 20%，被抽检参数合格率大于 90% 时为检测合格。对高低压配电柜的运行状态、故障状态，电力变压器的温度，应急发电机组的工作状态、储油罐的液位计蓄电池组工作状态等参数应全部检测，合格率为 100% 时为检测合格。

（6）公共照明系统功能检测。

检测对公共照明设备（公共区域、过道、园区和景观）进行监控的功能，以照度、时间表等为控制依据，设置程序控制灯组的开关，检查控制动作的正确性，检查自、手动开关的功能。

检验方法：现场操作和中央工作站操作检查。

检查数量：现场操作检查为全数检查，在中央工作站上检查按照明控制箱总数的 5% 检查，不足 5 台全部检查。

（7）照明自动控制系统的功能应符合设计要求，当设计无要求时应实现下列控制功能。

① 大型公共建筑的公用照明区应采用集中控制并应按照建筑使用条件和天然采光状况采取分区、分组控制措施，并按需要采用调光或降低照度的控制措施。

② 旅馆的每间（套）客房应设置节能控制型开关。

③ 居住建筑有天然采光的楼梯间、走道的一般照明，应采用节能自熄开关。

④ 房间或场所设有两列或多列灯具时，应按下列方式控制：所控灯列与侧窗平行；电教室、会议室、多功能厅、报告厅等场所，按靠近或远离讲台分组。

检验方法：现场操作和中央工作站操作检查。

检查数量：现场操作检查为全数检查，在中央工作站上检查按照明控制箱总数的 5% 检测，不足 5 台全部检测。

（8）给排水系统功能检测。

对给水系统、排水系统和中水系统进行液位、压力等参数检测，对水泵运行状态进行监控，对报警进行验证。

检验方法：通过中央工作站参数设置或人为改变现场测控点状态，监视设备的运行状态，包括自动调节水泵转速、投运水泵切换机故障状态报警和保护等项是否满足设计要求。

检查数量：全数检查，合格率为100％时为检测合格。

（9）热源和热交换系统功能检测。

对热源和热交换系统进行系统负荷调节、预定时间表自动启停和节能优化控制的功能检测。检测时通过工作站或现场控制器对热源和热交换系统的设备运行状态、故障等的监视、记录与报警进行检测，并检测对设备的控制功能，同时核实热源和热交换系统能耗计量与统计资料。

检验方法：通过工作站参数设置或人为改变现场测控点状态，监视设备的运行状态，包括自动调节水泵转速、投运水泵切换及故障状态报警和保护等项是否满足设计要求。

检查数量：全数检查，合格率为100％时为检测合格。

（10）冷冻和冷却水系统功能检测。

对冷水机组、冷冻和冷却水系统进行系统负荷调节、预定时间表自动启停和节能优化控制功能的检测，检测时通过工作站对冷水机组、冷冻和冷却水系统设备控制和运行参数、状态、故障等的监视、记录与报警情况进行检查，并检查设备运行的联动情况，对冷冻水系统能耗计量与统计进行核实。

检验方法：现场检测。

检查数量：全数检查，合格率为100％时为检测合格。

（11）电梯和自动扶梯系统功能检测。

对建筑物内电梯和自动扶梯系统进行检测。检测时应通过工作站对系统的运行状态与故障进行监视，并与电梯和自动扶梯系统的实际工作情况进行核实。当与电梯管理系统提供的通信接口进行数据传输时，系统接口应保证接口符合设计要求，符合合同约定的各项功能。

检验方法：现场检测。

检查数量：全数检查，合格率为100％时为检测合格。

（12）建筑设备监控系统与子系统（设备）间的数据通信接口功能检测。

与带有通信接口的各子系统以数据通信的方式相联时，在工作站监测子系统的运行参数（含工作状态参数和报警信息），并与实际状态核实，确保准确性和响应时间符合设计要求，对可控的子系统检测发命令时子系统的响应状态。

检验方法：现场检测。

检查数量：全数检查，合格率为100％时为检测合格。

（13）建筑能源管理系统的能耗数据采集与分析功能、设备管理和运行管理功能、优化能源调度功能、数据集成功能应符合设计要求。

能源管理系统由各计量装置、数据采集器、管理系统（Web服务器）组成。数据传输系统由数据采集子系统、数据中转站、数据中心、部级数据中心组成。

各种计量装置用来度量各种分类分项能耗，包括电能表（含单相电能表、三相电能表、多功能电能表）、水表、燃气表、热（冷）量表等。计量装置具有数据远传功能，通过现场总线与数据采集器连接，可以采用多种通讯信协议将数据输出。数据采集器通过以太网将数据传至管理系统的数据库中。管理系统的通讯接口可以将能耗数据按照《国家机关办公建筑及大型公共建筑分项能耗数据传输技术导则》远传至上层的数据中转站或省部级数据中心（图11.7）。

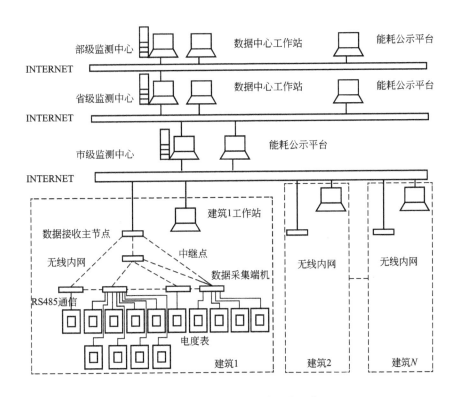

图 11.7　建筑能源管理系统硬件架构图

检验方法：对管理软件进行功能检测。

检查数量：全部检查。

（14）中央管理工作站与操作分站功能检测。

对中央管理工作站与操作分站功能进行检测时，主要检测其监控和管理功能，检测时以中央管理工作站为主，对操作分站主要检测其监控和管理权限以及数据与中央管理工作站的一致性。检测中央管理工作站显示和记录的各种测量数据、运行状态、故障报警等信息的实时性和准确性，以及对设备进行控制和管理的功能。检测中央站控制命令的有效性和参数设定的功能，保证中央管理工作站的控制命令被无冲突地执行。检测中央管理工作站数据（包括检测数据、运行数据）的存储和统计、历史数据趋势图显示、报警（包括各类参数报警、通信报警和设备报警）存储统计情况，中央管理工作站存储的历史数据时间应大于 3 个月。检测中央管理工作站数据报表生成及打印功能，故障报警信息的打印功能。检测中央管理工作站操作的方便性，人机界面应符合友好、汉化、图形化要求，图形切换流程清楚易懂，便于操作；对报警信息的处理应直观有效；对操作权限检测，确认系统操作的安全性。

检验方法：现场检测。

检查数量：全数检查，合格率为 100％时为检测合格。

（15）系统实时性检测。

采样速度、系统响应时间满足设计技术文件与设备工艺性能指标要求；报警信号响应速度满足合同技术文件与设备工艺性能指标的要求。

检验方法：现场检测。

检查数量：全数检查，合格率为 100％时为检测合格。

（16）设备可靠性检测。

检测应用软件的在线编程和修改功能，在中央站或现场进行控制器或控制模块应用软件的在线编程、参数修改及下载。

设备、网络通信故障的自检测功能，自检测必须指示出相应设备的名称和位置，在现场人为地设置设备故障和网络故障，在中央站观察结果和报警。

检验方法：现场检测。

检查数量：全数检查，合格率为 100％时为检测合格。

（17）系统可靠性检测。

系统运行时，启动或停止现场设备，应不出现数据错误或产生干扰，影响系统正常工作。检测时采用远动或现场手动启/停现场设备，观察中央站数据显示和系统工作情况，切断系统电网电源，转为 UPS 供电时，系统运行不得中断；中央站冗余主机自动投入时，系统运行不得中断。

检验方法：现场检测。

检查数量：全数检查，合格率为 100％时为检测合格。

（18）现场设备安装质量检查。

现场设备安装质量应符合 GB 50303 第 6 章及第 7 章、设计文件和产品技术文件的要求。

检验方法：现场检测。

检查数量：抽查量不低于 20％，设备数量不大于 10 个时应全部检测。被抽检系统全部合格时为检测合格。

（19）现场设备性能检测。

传感器检测精度测试，依据设计要求及产品技术条件，检测传感器采样显示值与现场实际值的一致性；控制设备及执行器性能测试，包括控制器、电动风阀、电动水阀和变频器等，主要测定控制设备的有效性、正确性和稳定性；测试核对电动调节阀在零开度、50％、80％的行程处与控制指令的一致性、响应速度；测试结果应满足设计技术文件及控制工艺对设备性能的要求。

检验方法：现场操作检测。

检查数量：抽查量不低于 20％，设备数量不大于 10 个时应全部检测。被抽检系统全部合格时为检测合格。

（20）根据现场配置和运行情况对以下项目做出评测。

控制网络和数据库的标准化、开放性；系统的冗余配置，主要指控制网络、工作站、服务器、数据库和电源等；系统可扩充性，控制器 I/O 口的备用量符合合同技术文件要求，但不应低于 I/O 口实际使用数的 10％；机柜至少留有 10％的卡件安装空间和 10％的备用接线端子；节能措施评测，包括空调设备的优化控制、冷热源能量自动调节、照明设备自动控制、风机变频调速、VAV 变风量控制等。根据合同技术文件的要求，通过对系统数据库记录分析、现场控制效果测试和数据计算后做出是否满足设计要求的评测。

2. 一般项目

检测与控制系统的可靠性、实时性、可维护性等系统性能，主要包括下列内容。

（1）控制设备的有效性，执行器动作应与控制系统的指令一致，控制系统性能稳定符合设计要求。

（2）控制系统的采样速度、操作响应时间、报警反应速度应符合设计要求。

（3）冗余设备的故障检测正确性及其切换时间和切换功能应符合设计要求。

（4）应用软件的在线编程（组态）、参数修改、下载功能、设备及网络故障自检测功能应符合设计要求。

（5）控制器的数据存储能力和所占存储容量应符合设计要求。

（6）故障检测与诊断系统的报警和显示功能应符合设计要求。

（7）设备启动和停止功能及状态显示应正确。

（8）被控设备的顺序控制和连锁功能应可靠。

（9）应具备自动控制/远程控制/现场控制模式下的命令冲突检测功能。

（10）人机界面及可视化检查。

检验方法：分别在中央工作站、现场控制器和现场利用参数设定、程序下载、故障设定、数据修改和事件设定等方法，通过与设定的显示要求对照，进行上述系统的性能检测。

检查数量：全数检测。

11.3.2 监测与控制系统节能工程验收

1. 一般规定

（1）监测与控制系统的验收分为工程实施和系统检测两个阶段。

（2）工程实施由施工单位和监理单位随工程实施过程进行，分别对施工质量管理文件、设计符合性、产品质量、安装质量进行检查，及时对隐蔽工程和相关接口进行检查，同时，应有详细的文字和图像资料，并对监测与控制系统进行不少于168h的不间断试运行。

（3）系统检测内容应包括对工程实施文件和系统自检文件的复核，对监测与控制系统的安装质量、系统节能监控功能、能源计量及建筑能源管理等进行检查和检测。

系统检测内容分为主控项目和一般项目，系统检测结果是监测与控制系统的验收依据。

（4）对不具备试运行条件的项目，应在审核调试记录的基础上进行模拟检测，以检测监测与控制系统的节能监控功能。

（5）监测与控制系统施工中，应对施工质量进行检查，对隐蔽工程和相关接口进行检查，同时，应有详细的文字和图像资料。

（6）监测与控制节能分项工程检验批的划分应符合《建筑节能工程施工质量验收规范》（GB 50411—2007）第3.4.1条的规定，同时应执行《建筑工程施工质量验收统一标准》（GB 50300—2001）。

2. 验收项目

（1）配管和线路隐蔽工程。

（2）检测和控制元件及接线。

（3）控制模块、控制盘、中央工作站的安装。

（4）电源和接地。

（5）系统单机调试和系统调试。

（6）系统试运行。

11.3.3 系统节能性能现场检测

（1）采暖、通风与空调、配电与照明工程安装完成后，应进行系统节能性能的检测，且应由建设单位委托具有相应检测资质的检测机构检测并出具报告。受季节影响未进行的节能性能检测项目，应在保修期内补做。

（2）采暖、通风与空调、配电与照明系统节能性能检测的主要检测项目及要求见表11-1，其检测方法应按国家现行有关标准规定执行。

表 11-1　系统节能性能检测主要项目及要求

序号	检测项目	抽样数量	允许偏差或规定值
1	室内温度	居住建筑每户抽测卧室或起居室1间，其他建筑按房间总数抽测10%	冬季不得低于设计计算温度2℃，且不应高于1℃；夏季不得高于设计计算温度2℃，且不应低于1℃
2	供热系统室外管网的水力平衡度	每个热源与换热站均不少于1个独立的供热系统	0.9～1.2
3	供热系统的补水率	每个热源与换热站均不少于1个独立的供热系统	0.5%～1%
4	室外管网的热输送效率	每个热源与换热站均不少于1个独立的供热系统	≥0.92
5	各风口的风量	按风管系统数量抽查10%，且不得少于1个系统	≤15%
6	通风与空调系统的总风量	按风管系统数量抽查10%，且不得少于1个系统	≤10%
7	空调机组的水流量	按系统数量抽查10%，且不得少于1个系统	≤20%
8	空调系统冷热水、冷却水总流量	全数	≤10%
9	平均照度与照明功率密度	按同一功能区不少于2处	≤10%

 本 章 小 结

采暖、通风与空气调节、配电及照明系统是主要的能耗大户，不同设备、不同耗能用户应设置监测计量系统。通风与空调系统应优化监控，如时间表的控制、一次泵变流量控制等。

监测与控制系统应设置建筑能源管理系统，以保证建筑设备通过优化运行、维护、管理实现节能。配电系统和监测与控制系统联网后建筑能源系统应协调控制：建筑内所有设备和系统在不同工况下尽可能高效运行，实现节能目标。

习 题

一、单选题

1. 监测与控制系统的施工单位应依据国家相关标准的规定，对施工图设计进行复核，检查施工图的完备性，当复核结果不能满足节能要求时，进行设计变更和确认的单位为（　　）。

A. 建设单位　　　　B. 施工单位　　　　C. 设计单位　　　　D. 监理方

2. 根据设计文件制定系统控制流程图和节能工程施工验收大纲由（　　）来完成。

A. 监理方　　　　B. 设计单位　　　　C. 施工单位　　　　D. 建设单位

3. 通风与空调系统节能性能检测中各风口的风量检测按风管数量（　　）。

A. 抽查 10%，且不得少于 2 个系统　　　　B. 抽查 10%，且不得少于 1 个系统

C. 抽查 5%，且不得少于 2 个系统　　　　D. 抽查 5%，且不得少于 1 个系统

4. 工程实施由施工单位和监理单位随工程实施过程进行，并有详细的文字和图像资料，对监测与控制系统进行不少于（　　）的不间断试运行。

A. 100h　　　　B. 120h　　　　C. 168h　　　　D. 200h

5. 进场材料、构配件和设备经过监理工程师进场验收签认。监督机构对建筑节能材料质量产生质疑时，配合监督机构对建筑节能材料委托（　　）进行检测。

A. 一般检测单位　　　　　　　　B. 具有相应资质的检测单位

C. 设计单位　　　　　　　　　　D. 监理工程师

6. 变配电系统功能检测就是利用工作站数据读取和现场测量的方法对电压、电流、有功(无功)功率等各项参数进行准确性检查，抽检数量应不低于 20%，检测合格的标准为（　　）。

A. 大于 70%　　　　B. 大于 50%　　　　C. 大于 90%　　　　D. 大于 80%

7. 监测与控制系统安装质量应符合以下规定：涉及节能控制的关键传感器应预留检测孔或检测位置。每种仪表检查数量（　　）。

A. 按 10% 抽检，不足 10 台全部检查　　　　B. 按 20% 抽检，不足 10 台全部检查

C. 按 20% 抽检，不足 5 台全部检查　　　　D. 按 10% 抽检，不足 5 台全部检查

8. 配电与照明系统节能性能检测中平均照度与照明功率密度抽样数量（　　）。

A. 按同一功能区不少于 2 处　　　　B. 按同一功能区不少于 1 处

C. 按同一功能区不多于 2 处　　　　D. 按同一功能区不少于 3 处

9. 通风与空调系统节能性能检测中空调机组的水流量，按系统数量（　　）。

A. 抽查 5%，且不得少于 1 个系统　　　　B. 抽查 10%，且不得少于 1 个系统

C. 抽查 8%，且不得少于 1 个系统　　　　D. 抽查 15%，且不得少于 1 个系统

10. 采暖、通风与空调、配电与照明工程安装完成后，应进行系统节能性能的检测，且应由（　　）委托具有相应检测资质的检测机构检测并出具报告。

A. 设计单位　　　　B. 施工单位　　　　C. 建设单位　　　　D. 监理方

二、多选题

1. 空调系统节能性能检测中冷热水、冷却水总流量允许偏差为（　　）时满足要求。

A. 15％   B. 8％   C. 5％   D. 10％

2. 节能性能检测中各风口的风量允许偏差为（   ）时满足要求。

A. 15％   B. 10％   C. 20％   D. 8％

3. 配电与照明系统节能性能检测中平均照度与照明功率密度允许偏差为（   ）时满足要求。

A. 10％   B. 15％   C. 5％   D. 7％

4. 为了实现建筑能耗的优化管理，通过电表、水表、气表、室内外温湿度计及其他传感器等现场仪表，对设备运行状况等相关参数进行收集、显示、宜设立（   ）。

A. 显示系统   B. 能耗信息采集系统

C. 监测计量系统   D. 中央工作站

5. 监测与控制系统节能工程系统检测内容应包括（   ）。

A. 隐蔽工程   B. 安装质量

C. 系统节能监控功能   D. 能源计量及建筑能源管理系统

6. 对变配电系统的电气参数和电气设置工作状态进行检测时，利用工作站数据读取和现场测量的方法对（   ）等各项参数的测量和记录进行准确性和真实性检查。

A. 功率   B. 用电量   C. 温度   D. 电压、电流

7. 监测与控制系统节能施工工艺为：现场控制机一般是就地安装、就地控制，控制对象是一个或几个机组或设备，根据（   ）的策略进行现场调试。

A. 分散管理、集中控制   B. 分散控制、集中管理

C. 分散控制、分散管理   D. 集中控制、集中管理

8. 监测与控制系统施工中，应有详细的文字和图像资料。应对施工质量进行检查，对（   ）进行检查。

A. 管理文件   B. 相关接口   C. 隐蔽工程   D. 采集的信息

9. 公共照明系统功能检测是以照度、时间表等为控制依据，对公共照明设备（公共区域、园区和景观等）进行监控，现场操作检查为全数检查，在中央工作站上检查按照明控制箱总数的5％检查，当控制箱总数为（   ）时应全部检查。

A. 4 台   B. 6 台   C. 2 台   D. 3 台

10. 通风与空调系统功能检测是对空调系统进行温湿度及新风量进行自动控制、预定时间表自动启停、节能优化控制等功能进行检测。其中空调系统控制的基本要求是（   ）。

A. 新风量控制   B. 温度   C. 压差   D. 湿度

三、判断题

1. 系统检测就是对工程实施文件和系统自检文件的复核，对监测与控制系统的安装质量、系统节能监控功能、能源计量及建筑能源管理等进行检查和检测。   （   ）

2. 在安装、清洁有源设备前，应先将设备断电，不得用液体、潮湿的布料清洗或擦拭带电设备。   （   ）

3. 施工现场用电应按照现行行业标准《施工现场临时用电安全技术规范》（JGJ 46）的有关规定执行。   （   ）

4. 对材料和设备的品种、规格、包装、外观和尺寸等进行检查验收，并应经监理工程师（建设单位代表）确认，形成相应的验收记录。   （   ）

5. 通风与空调监测控制系统的控制功能及故障报警功能应符合设计要求，检查数量应按总数的 10% 抽样检测，不足 5 台全部检测。　　　　　　　　　　（　　）

6. 系统检测内容分为主控项目和一般项目，系统检测结果是监测与控制系统的验收依据。　　　　　　　　　　（　　）

7. 变配电系统功能检测就是利用工作站数据读取和现场测量的方法对电压、电流、有功（无功）功率、功率因数、用电量等各项参数进行准确性和真实性检查，抽检数量应不低于 20%，被抽检参数合格率大于 70% 时为检测合格。　　　　　　　　　　（　　）

8. 通风与空调系统节能性能检测中各风口的风量按风管系统数量抽查 5%，且不得少于 1 个系统。　　　　　　　　　　（　　）

9. 监测与控制系统的工艺分为工程实施和系统检测两个阶段。　　　　　　　　　　（　　）

四、问答题

1. 监测与控制系统的节能措施有哪些？

2. 监测与控制系统节能性能检测的主要项目有哪些？

3. 变配电系统需对哪些参数进行实时监控？

4. 简述能源管理系统的组成。

5. 通风与空调监测控制系统怎样实现在线故障检测与诊断？

附　　录

附录A　建筑节能工程进场材料和设备的复验项目

建筑节能工程进场材料和设备的复验项目应符合附表A-1的规定。

附表A-1　建筑节能工程进场材料和设备的复验项目

编号	分项工程	复验项目
1	墙体节能工程	(1) 保温材料的导热系数、密度、抗压强度或压缩强度 (2) 粘结材料的粘结强度 (3) 增强网的力学性能、抗腐蚀性能
2	幕墙节能工程	(1) 保温材料：导热系数、密度 (2) 幕墙玻璃：可见光透射比、传热系数、遮阳系数、中空玻璃露点 (3) 隔热型材：抗拉强度、抗剪强度
3	门窗节能工程	(1) 严寒、寒冷地区：气密性、传热系数和中空玻璃露点 (2) 夏热冬冷地区：气密性、传热系数、玻璃遮阳系数、可见光透射比、中空玻璃露点 (3) 夏热冬暖地区：气密性、玻璃遮阳系数、可见光透射比、中空玻璃露点
4	屋面节能工程	保温隔热材料的导热系数、密度、抗压强度或压缩强度
5	地面节能工程	保温材料的导热系数、密度、抗压强度或压缩强度
6	采暖节能工程	(1) 散热器的单位散热量、金属热强度 (2) 保温材料的导热系数、密度、吸水率
7	通风与空调节能工程	(1) 风机盘管机组的供冷量、供热量、风量、出口静压、噪声及功率 (2) 绝热材料的导热系数、密度、吸水率
8	空调与采暖系统冷热源及管网节能工程	绝热材料的导热系数、密度、吸水率
9	配电与照明节能工程	电缆、电线截面和每芯导体电阻值

附录 B　建筑节能分部、分项工程和检验批的质量验收表

1. 建筑节能分部工程质量验收表

建筑节能分部工程质量验收应按附表 B-1 的规定填写。

附表 B-1　建筑节能分部工程质量验收表

工程名称		结构类型		层数	
施工单位		技术部门负责人		质量部门负责人	
分包单位		分包单位负责人		分包技术负责人	

序号	分项工程名称	验收结论	监理工程师签字	备注
1	墙体节能工程			
2	幕墙节能工程			
3	门窗节能工程			
4	屋面节能工程			
5	地面节能工程			
6	采暖节能工程			
7	通风与空调节能工程			
8	空调与采暖系统的冷热源及管网节能工程			
9	配电与照明节能工程			
10	监测与控制节能工程			
质量控制资料				
外墙节能构造现场实体检测				
外窗气密性现场实体检测				
系统节能性能检测				
验收结论				
其他参加验收人员				

验收单位	分包单位：	项目经理：　　　　　年　月　日
	施工单位：	项目经理：　　　　　年　月　日
	设计单位：	项目负责人：　　　　年　月　日
	监理（建设）单位：	总监理工程师：（建设单位项目负责人）　　年　月　日

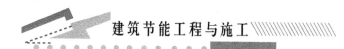

2. 建筑节能分项工程质量验收汇总表

建筑节能分项工程质量验收汇总应按附表 B-2 的规定填写。

附表 B-2 _____分项工程质量验收汇总表

工程名称			检验批数量	
设计单位			监理单位	
施工单位		项目经理		项目技术负责人
分包单位		分包单位负责人		分包项目经理

序号	检验批部位、区段、系统	施工单位检查评定结果	监理(建设)单位验收结论
1			
2			
3			
4			
5			
6			
7			
8			
9			
10			
11			
12			
13			
14			
15			

施工单位检查结论:	验收结论:
项目专业质量(技术)负责人:	监理工程师: (建设单位项目专业技术负责人)
年 月 日	年 月 日

3．建筑节能工程检验批/分项工程质量验收表

建筑节能工程检验批/分项工程质量验收应按附表 B-3 的规定填写。

附表 B-3 ＿＿＿＿＿检验批/分项工程质量验收表　　　　　编号：

工程名称			分项工程名称		验收部位	
施工单位			专业工长		项目经理	
施工执行标准名称及编号						
分包单位			分包项目经理		施工班组长	
验收规范规定				施工单位检查评定纪录	监理（建设）单位验收记录	
主控项目	1		第　条			
	2		第　条			
	3		第　条			
	4		第　条			
	5		第　条			
	6		第　条			
	7		第　条			
	8		第　条			
	9		第　条			
	10					
	11					
	12					
			第　条			
一般项目	1		第　条			
	2		第　条			
	3		第　条			
	4					
	5					
	6					
		第　条				
施工单位检查评定结果			项目专业质量检查员：（项目技术负责人）　　　　　年　月　日			
监理（建设）单位验收结论			监理工程师：（建设单位项目专业技术负责人）　　　　　年　月　日			

附录 C 外墙节能构造钻芯检验方法

（1）本方法适用于检验带有保温层的建筑外墙其节能构造是否符合设计要求。

（2）钻芯检验外墙节能构造应在墙体施工完工后、节能分部工程验收前进行。

（3）钻芯检验外墙节能构造的取样部位和数量，应遵守下列规定。

① 取样部位应由监理（建设）与施工双方共同确定，不得在外墙施工前预先确定。

② 取样位置应选取节能构造有代表性的外墙上相对隐蔽的部位，并宜兼顾不同朝向和楼层；取样部位必须确保安全钻芯操作安全，且应方便操作。

③ 外墙取样数量为一个单位工程每种节能保温做法至少取 3 个芯样。取样部位宜均匀分布，不宜在同一个房间外墙上取 2 个或 2 个以上芯样。

（4）钻芯检验外墙节能构造应在监理（建设）人员见证下实施。

（5）钻芯检验外墙节能构造可采用空心钻头，从保温层一侧钻取直径 70mm 的芯样。钻取芯样深度为钻透保温层到达结构层或基层表面，必要时也可钻透墙体。

当外墙的表层坚硬不易钻透时，也可局部剔除坚硬的面层后钻取芯样。但钻取芯样后应恢复原有的表面装饰层。

（6）钻取芯样时应尽量避免冷却水流入墙体内及污染墙面。

从空心钻头中取出芯样时应谨慎操作，以保持芯样完整。当芯样严重破损难以准确判断节能构造或保温层厚度时，应重新取样检验。

（7）对钻取的芯样，应按照下列规定进行检查。

① 对照设计图纸观察、判断保温材料种类是否符合设计要求；必要时也可采用其他方法加以判断。

② 用分度值为 1mm 的钢尺，在垂直于芯样表面（外墙面）的方向上量取保温层厚度，精确到 1mm。

③ 观察或剖开检查保温层构造做法是否符合设计和施工方案要求。

（8）在垂直于芯样表面（外墙面）的方向上实测芯样保温层厚度，当实测芯样厚度的平均值达到设计厚度的 95% 及以上且最小值不低于设计厚度的 90% 时，应判定保温层厚度符合设计要求；否则，应判定保温层厚度不符合设计要求。

（9）实施钻芯检验外墙节能构造的机构应出具检验报告。检验报告的格式可参照附表 C-1 的样式。检验报告至少应包括下列内容。

① 抽样方法、抽样数量与抽样部位。

② 芯样状态的描述。

③ 实测保温层厚度，设计要求厚度。

④ 按照《建筑节能工程施工质量验收规范》（GB 50411—2007）第 14.1.2 条的检验目的给出是否符合设计要求的检验结论。

⑤ 附有带标尺的芯样照片并在照片上注明每个芯样的取样部位。

⑥ 监理（建设）单位取样见证人的见证意见。

⑦ 参加现场检验的人员及现场检验时间。

⑧ 检测发现的其他情况和相关信息。

（10）当取样检验结果不符合设计要求时，应委托具备检测资质的见证检测机构增加一倍数量再次取样检验。仍不符合设计要求时应判定围护结构节能构造不符合设计要求。此时应根据检验结果委托原设计单位或其他有资质的单位重新验算房屋的热工性能，提出技术处理方案。

（11）外墙取样部位的修补，可采用聚苯板或其他保温材料制成的圆柱形塞填充并用建筑密封胶密封。修补后宜在取样部位挂贴注有"外墙节能构造检验点"的标志牌。

附表 C-1　外墙节能构造钻芯检验报告

	外墙节能构造检验报告		报告编号	
			委托编号	
			检测日期	
工程名称				
建设单位		委托人/联系电话		
监理单位		检测依据		
施工单位		设计保温材料		
节能设计单位		设计保温层厚度		
检验结果	检验项目	芯样 1	芯样 2	芯样 3
	取样部位	轴线/层	轴线/层	轴线/层
	芯样外观	完整/基本 完整/基本	完整/基本 完整/基本	完整/基本 完整/基本
	保温材料种类			
	保温层厚度	mm	mm	
	平均厚度		mm	
	围护结构 分层做法	1 基层： 2 3 4 5	1 基层： 2 3 4 5	1 基层： 2 3 4 5
	照片编号			
结论：			见证意见： 1 抽样方法符合规定； 2 现场钻芯真实； 3 芯样照片真实； 4 其他： 见证人：	
批准		审核		试验	
检测单位	（印章）		报告日期	

参 考 文 献

[1] 中华人民共和国国家标准. 建筑节能工程施工质量验收规范(GB 501411—2007)[S]. 北京：中国建筑工业出版社，2007.

[2] 胡伦坚. 建筑节能工程施工工艺 [M]. 北京：机械工业出版社，2008.

[3] 罗忆，刘忠伟. 建筑节能技术与应用 [M]. 北京：化学工业出版社，2007.

[4] 王庆生. 建筑节能工程施工技术 [M]. 北京：中国建筑工业出版社，2007.

[5] 中华人民共和国国家标准. 屋面工程质量验收规范(GB 50207—2012)[S]. 北京：中国建筑工业出版社，2012.

[6] 中国建筑标准设计研究院. 屋面节能建筑构造 [M]. 北京：中国计划出版社，2006.

[7] 《建筑节能工程施工质量验收规范》编写组. 《建筑节能工程施工质量验收规范》宣贯辅导教材 [M]. 北京：中国建筑工业出版社，2007.

[8] 本书编委会. 《建筑节能工程施工质量验收规范》实施指南 [M]. 北京：中国建材工业出版社，2009.

[9] 张大春. 建筑工程质量检查员继续教育培训教材（安装工程）[M]. 北京：中国建筑工业出版社，2010.

[10] 瞿义勇. 《建筑节能工程施工质量验收规范》应用图解 [M]. 北京：机械工业出版社，2009.

[11] 何锡兴，周红波. 建筑节能监理质量控制手册 [M]. 北京：中国建筑工业出版社，2008.

[12] 吴耀伟. 供热通风与建筑给排水工程施工技术 [M]. 哈尔滨：哈尔滨工业大学出版社，2001.

[13] 卢玫珺. 《建筑节能工程施工质量验收规范》宣贯教材 [M]. 郑州：黄河水利出版社，2008.

[14] 蔡文剑. 建筑节能技术与工程基础 [M]. 北京：中国建筑工业出版社，2008.

[15] 本书编委会. 建筑节能工程施工质量验收规范详解及应用指南 [M]. 哈尔滨：哈尔滨工程大学出版社，2009.

[16] 肖小儿. 空调冷热源节能技术的现状与进展 [J]. 房地产导刊，2013(8)：242.

[17] 刘昌明. 建筑供配电系统安装 [M]. 北京：机械工业出版社，2007.

[18] 刘昌明. 建筑供配电线路的节能设计 [J]. 四川建筑科学研究，2011(1)：257 - 259.

[19] 北京市建筑材料管理办公室，北京市土木建筑学会，北京市建设物资协会建筑节能专业委员会. 建筑节能工程施工技术 [M]. 北京：中国建筑工业出版社，2007.

[20] 胡海平. 电能质量在线监测系统的设计与实现 [D]. 广州：华南理工大学，2012.

[21] 冯钰洋. 大型公共建筑能源管理系统的建立 [J]. 制冷与空调，2012，26(3).

[22] 刘莉莉. 节约型校园电力能耗监控系统的研究与实现 [D]. 西安：西安建筑科技大学，2012.

[23] 章若冰. 基于 C/S 模式的通信机房通风节能控制系统 [J]. 测控技术，2010，29(增刊)。

[24] 王海涛. 变风量空调系统在线故障检测与诊断方法及应用研究 [D]. 长沙：湖南大学，2011.